U0162419

给孩子的物理三书

原来物理可以这样学

PHYSICS

徐天游——著

物理学初步

团结出版社

图书在版编目（CIP）数据

物理学初步 / 徐天游著. -- 北京：团结出版社，

2020.6

（给孩子的物理三书）

ISBN 978-7-5126-7944-3

Ⅰ. ①物… Ⅱ. ①徐… Ⅲ. ①物理学—青少年读物

Ⅳ. ①O4-49

中国版本图书馆CIP数据核字(2020)第095995号

出版：团结出版社

（北京市东城区东皇城根南街84号 邮编：100006）

电话：（010）65228880 65244790（传真）

网址：http://www.tjpress.com

Email：zb65244790@vip.163.com

经销：全国新华书店

印刷：三河市腾飞印务有限公司

开本：170×230　1/16

印张：38.5

字数：500千字

版次：2020年8月 第1版

印次：2021年12月 第3次印刷

书号：978-7-5126-7944-3

定价：99.00元（全三册）

总 序

General sequence

庄子说："判天地之美，析万物之理。"

阿基米德说："给我一个支点，可以撬起整个地球。"

拉塞福说："所有的科学不是物理学，就是集邮。"

爱因斯坦说："从物理学出发思考一切。"

物理学是一门迷人的学问。

物理学家为我们打开了奇妙的世界之门，现代科技无一不是在物理学的基础上发展起来的。没有物理学，我们现在还处于蛮荒时代，可以说物理学是现代文明最重要的基石。

很多物理学家往往在青少年时期就表现出了对物理世界的极度好奇，并展开探索。这其中，优秀的物理科普读物起到了巨大的作用。

诺贝尔奖获得者杨振宁教授多次在演讲中介绍，他在中学时期读到的一本书——《神秘的宇宙》，打开了他认识物理世界的大门。

1979年诺贝尔物理学奖得主、美国物理学家史蒂文·温伯格说："对我而言，当我刚刚进入青春期时，正是受到伽莫夫和金斯的书籍的鼓舞，才对物理产生了浓厚的兴趣。”

对于青少年来说，无论课里课外，多了解一些物理知识都是十分有益且必要的。物理学可以让我们对生活中最基本的现象进行分析、理解和判断。比如生活中最普通的物质——水，它结冰时的温度是0℃，沸腾时的温度是100℃。它在吸管中为什么会随着我们的吸力上升？为什么在烧热的油锅中滴入水会产生剧烈的爆鸣？为什么热水在保温瓶中可以长时间地保温……如果你学了物理学就会对水的这些现象做出科学的解释。当然，生活中不止水，一切物质现象都蕴含着深奥的物理知识。

为了激发孩子们学习物理的兴趣，我们特别编辑了这套《给孩子的物理三书》。这套丛书一共包含三本通俗、有趣的物理科普读物，分别是俄国科普作家雅科夫·伊西达洛维奇·别莱利曼的《趣味物理学》、德国科普作家奥托·威利·盖尔(Otto Willi Gail)的《物理世界的漫游》、民国科普作家徐天游的《物理学初步》。

《趣味物理学》是一本妙趣横生、引人入胜的科普读物。书中不仅有物理学领域的大量知识，还有让人着迷的各种物理学相关故事，故事内容或来源于日常生活中的常见事件，或取材于著名的科幻作品，如儒勒·凡尔纳、威尔斯、马克·吐温及其他一些经典作品，以此来引起读者对物理学的兴趣，开拓读者的视野，同时加深读者对物理学重要理论的认知。这本书的作者雅科夫·伊西达洛维奇·别莱利曼是俄国著名的科普作家，他一生致力于教学和科学写作，创办了俄罗斯第一份科普杂志《在大自然的实验室里》。他从17岁开始发表作品，一生共完成了105本著作，这些著作大部分都是科普读物，其中《趣味物理学》从1916年至1986年已再版22次。1942年，别莱利曼在列宁格勒去世。别莱利曼去世以后，人们为了纪念这位人类的科普大师，以他的名字命名了一座月球上的环形山。

《物理世界的漫游》是一本告诉你如何重新观察世界的科普读物。书中罗列了许多几乎令人无法相信的物理问题，比如要冷却一杯水应该把冰放在杯子上面，正在飞行的苍蝇有多重，以及一吨铁比一吨木头轻五磅……作者先引起读者的好奇心，然后使他们心甘情愿地跟着思考，去用他们的心。这本书的作者奥托·威利·盖尔是德国科学记者、科普作家，毕业于德国慕尼黑工业大学的电气工程和物理学专业。他曾在报社和广播电台工作，写过关于物理学、天文学和太空旅行的非小说类书籍，还写过科幻小说。他与德国太空探索先驱者马克思·瓦里尔(Max Valier)、赫尔曼·奥伯特(Hermann Oberth)关系甚密，因此，使得他能够在自己的作品中融入独特而详尽的专业知识。

《物理学初步》是一本全面涵盖物理基础知识的科普读物。这本书用大量的图片与简练的文字相结合，围绕物理学的基础知识点和现象深入剖析力学、热学、声学、光学、电学等。当然，作者也巧妙地将物理学知识联系到日常生活中来，使读者对已掌握的知识做到活学活用。这本书的作者徐天游是民国时期学者、科普作家，代表作有《物理学初步》《平面三角问题解法研究》《数学发达史》《珠算捷径》等，这些作品在当时均产生了广泛的影响。

虽然这三本书的作者来自不同的国家，但是书中的内容都巧妙地将生活中许多常见的现象和物理学知识联系到一起，不仅可以让青少年认识到世界的奇妙，还能启发青少年对物理世界的探索，点燃青少年学习物理的兴趣。此外，这套书中还归纳总结了物理学中所涉及的知识点，使读者对于物理学的关键知识点一目了然，对于初中生学习物理也能起到课外辅导的作用。

物理学是人类的希望之光，每一次技术革命都是在物理学的发展下推动的。我们希望这套《给孩子的物理三书》能让更多的孩子爱上物理学，伴随着物理学的不断发展，为我们揭开宇宙的神秘面纱！

前 言

Preface

从我们呱呱坠地那天起，就与物理结下了不解之缘：在妈妈的怀抱中，在温馨的摇篮里，我们通过“力”感受关爱和呵护；透过色彩斑斓的“光”，我们看到了五彩缤纷的大自然；听着那朴实无华的大自然天籁之“音”，我们感受到了声音世界的美妙……

“物理学”（physics）一词源于希腊语“physis”，是“自然”之义。物理学的目的在于探索自然万物的运作方式并提出疑问，然后找到这些问题的答案。物理学的研究范围并没有明确的界限：它力图研究大的物体的运动、结构，同时也研究物质中极小的粒子的结构和运动。物理学的研究伴随着许多吸引人的谜团，而这正是物理学令无数人着迷的原因。

物理学是认识世界、改变世界的科学，是其他所有自然科学的基础。千百年来，许多伟大的哲学家、思想家和物理学家为探索我们生活于其中的这个物质世界的本质付出了巨大的努力，其间也闪耀着智慧的光芒。勇于实践的美国物理学家富兰克林，为了解释“天神发怒”的本质，在一个电闪雷鸣、风雨交加的日子，冒着生命危险，利用司空见惯的风筝将“上帝之火”请下凡，由此发明了避雷针；善于观察的意大利物理学家伽利略，在比萨大教堂做礼拜时，悬挂在教堂半空中的铜吊灯的摆动引起了他的兴趣，后来经过反复观察、研究，发现了摆的等时性原理；一个炎热的中午，小牛顿在妈妈的农场里休息，正在这时，一个熟透了的苹果落下来，不偏不倚，正好砸在他的头上。等他长大成为物理学家后，想到“苹果落地”可能是地球的某种力量吸引苹果掉了下来，于是发现了万有引力……

物理学不仅存在于物理学家的身边，也存在于我们的身边，只要你留心观察，善于思考，勇于实践，敢于创新，从生活走向物理，你就会发现：其实，学好物理一点儿也不难！

本书围绕力学、热学、声学、光学、电学等基础知识点和现象进行深入剖析，带你了解物理世界的本质并解释日常生活中的物理现象。要掌握这些物理学的核心知识，必须要有充分的讨论和思考的时间。如果试图很快地读完本书，则掌握的只是词语和定义。如果想很好地理解所学的内容，那么少即是多。

愿这本书能点燃你对物理学的兴趣！

目 录

Chapter 1 物理学是什么？

Chapter 2 液 体

Chapter 3 气 体

Chapter 4 运动和力

Chapter 5 热

Chapter 6 声

Chapter 7 光

Chapter 8 磁

Chapter 9 电

Chapter 10 无线电和射线

Chapter 1

物理学是什么?

现 象

我们生存在这自然界中，常可以看到许多自然变化，例如：天热了，就会刮风；天冷了，水就会结冰；木柴放在火中，就会燃烧；时间由昼入夜，由夜入昼，循环不已；夏季的夜间，天空闪烁的星星；雨后天空的虹霓等等，这些都是自然界中的现象。这种现象，有关于物质变化的，如木柴燃烧后变成炭。炭的形态、性质和木柴完全不同，这叫作化学变化（Chemical change），也就是化学现象。也有关于物态变化的，如水结成冰，虽然冰和水的形态不同，但它们的物质并没有改变，这叫作物理变化（Physical change），也就是物理现象。

物理学的分类

虽然自然界的现象千变万化，但都有一定的规律，研究这种现象的科学，叫作自然科学（Natural science）。自然科学有物理学（Physics）、天文学（Astronomy）、化学（Chemistry）、植物学（Botany）、动物学（Zoology）、矿物学（Mineralogy）等等。物理学是专门研究物质的性质、物态和能量变化的学科，可分为以下六类：

一、力学（Mechanics）；

二、热学（Heat）；

三、声学（Sound 或 Acoustics）；

四、光学（Light 或 Optics）；

五、磁学（Magnetism）；

六、电学（Electricity）。

固体、液体和气体

当我们睁开眼睛的时候，可以看见周围有很多东西，直立的山石、流动的河水、浮游的云雾、拂面的微风等一切事物。有的静，有的动，形态各异。但是综合起来说，这一切物态（State of matter）大体可以分为固态（Solid）、液态（Liquid）和气态（Gas）三种，例如，石是固态，水是液态，空气是气态。

由此我们可以知道，固态的形状是一定的，体积也是一定的，譬如一块石头既不容易改变它的形状，也不容易改变它的体积。而液态的形状会随着容器的改变而改变，茶杯中的水倒入方盒子中，它的形状就完全不同，但是它的体积并没有增减。至于气态的形状和体积都不固定，会随着容器的形状、体积而改变。

除了上面所说的固态、液态、气态三种物态之外，像牛皮糖、蜂蜜这类东西，在短时间内虽然具有一定的形状，看似是固态，但经过一段时间后就会渐渐变成液态。这种介于固态与液态之间的东西，叫作黏性体（Viscous body）。

物体是由什么构成的?

山石、河水、云雾、空气等，我们有的可以用眼睛看见它，有的可以用手摸到它，有的也可以用我们的感觉辨别它，从而对于它的存在和种类有了一定的了解。它们在空间上也占有一定的位置，我们把这些东西称为物体（Body）。

物体是由什么构成的呢？我们知道，一把小刀是由铁做成的；一个墨水瓶是由玻璃、塑料、纸等做成的。这做成小刀的铁和做成墨水瓶的玻璃、塑料、纸等，我们就称它们为物质（Matter）。因此，我们可以知道一切物体都是由一种或多种物质构成的。

计算单位

既然物理学是一门研究物理现象——物质的性质、物态、能量变化的学科，那么必定先要知道怎样测量它的大小、多少，用一种精确的数值来表示它。这种可以测量的量，叫作物理量（Physical quantity），例如人体的长短、水流的快慢等等。要想测量这种数值，必须先在同类量中规定一个标准，叫作单位（Unit），例如买三尺布，这个“尺”就是布的单位。

在物理学上，有很多种量，如果都定一个单位出来，势必非常繁复。为了方便研究，通常仅制定长度（Length）、质量（Mass）和时间（Time）三种单位，叫作基本单位（Fundamental unit）。其他单位都可由此推出来，叫作导出单位（Derived unit）。

（1）长度单位

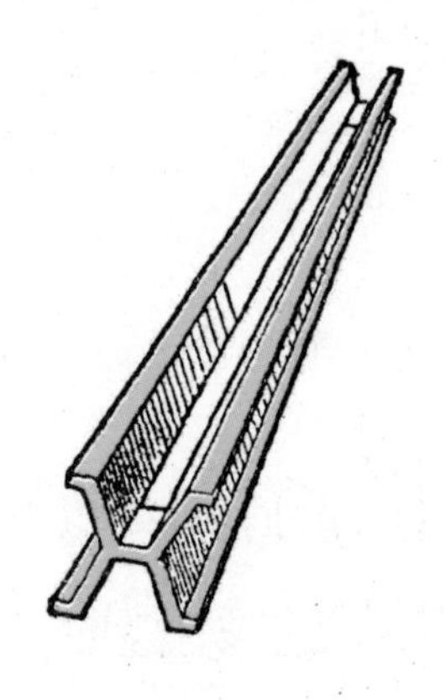

图1 标准米尺

物理学上公认的长度单位为米（Meter），又叫作公尺，等于我国市尺的3尺。米尺的标准器如图1，是一个铂铱合金棒，它的断口成X形，沟底靠近两端，刻有两条平行线。这两条线之间的长度就是一米。用十进的倍数和约数以得出其他高低各级的单位，叫作十进制（Metric system），列表如下：

千米（Kilometer）或公里=1000米
百米（Hectometer）或公引=100米
十米（Dekameter）或公丈=10米
分米（Decimeter）或公寸=0.1米
厘米（Centimeter）或公分=0.01米
毫米（Millimeter）或公厘=0.001米

面积和体积的单位都是长度的导出单位，例如，平方厘米（Squarecenti meter）就是每边长1厘米的正方形；立方厘米（Cubiccenti meter）就是每边长1厘米的正方体；1000立方厘米的容积，叫作1公升（Liter）。一公升就是我国市制的1市升。

（2）质量单位

图2 标准千克

质量就是表示物质多少的量。物理学上公认的质量单位为千克(Kilogram)或公斤，等于我国的2市斤。千克的标准器是一个铂铱合金的圆柱，如图2。也依十进法分为高低几级，列表如下：

千克(Kilogram)或公斤=1000克
百克(Hectogram)或公两=100克
十克(Dekagram)或公钱=10克
克(Gram)或公分=0.001千克
分克(Decigram)或公厘=0.1克
厘克(Centigram)或公毫=0.01克
毫克(Milligram)或公丝=0.001克

水在4°C时，1公升质量的水差不多等于1千克。所以，水的质量和体积有简单的关系，就是质量的克数和体积的立方厘米数相同。两个量中，知道一个，就可以知道另一个了。

(3) 时间单位

物理学上公认的时间单位为平太阳日(Mean solar day)。自今日的正午到明日的正午所经过的时间，叫作1平太阳日。因为地球在椭圆形的轨道上绕着太阳转，所以每自转一周，平太阳日的长短就不相等。于是，取一年中的平均数定为一日(day)，就是平太阳日。1日分为24小时(Hour)，1小时分为60分钟(Minute)，1分钟又分为60秒(Second)。我们日常所用的时间，就是平太阳时(Mean solar time)。

上面所说的长度、质量、时间三种基本单位的厘米、克、秒，简称为CGS(Centimeter-Gram-Second)(system of units)单位制。

质量和重量相同吗?

假如你把手臂伸平了，在手上拿一个小纸团，就能感受到它有重量（Weight）。没过多长时间，你就会觉得手臂疲乏，于是把手放下来，小纸团马上就向地面落下，这是什么原理呢？这是因为地球有一种吸引物体的力（Force），这种力叫作重力（Gravity）。物体之所以有重量，就是因为受到了地球的重力吸引的缘故。

地球是椭圆形的，所以每个地方的重力都不同。于是，物体的重量随着其所处的位置而改变。例如，在地面上一斤重的物体，拿到山顶上去，就要较轻一些。虽然物体的重量较轻，但物体的质量并没有减少。这是因为物体并不会因所处的位置不同，而改变它所含物质的量。我们可以把质量和重量的区别分述如下：

质量是物体所含物质多少的量，不因所处的位置而改变；

重量是物体所受地球的重力吸引大小的量，因所处的位置而不同。

在同一个地点，两个质量相等的物体，所受的重力也一定相等，就是重量相等。质量越大，重量也越大。所以，通过比较两个物体的重量，就可以知道它们的质量。

通常用天平（Balance）测量物体的质量，如图3，用已知质量的砝码（Weights）做标准。无论在何处砝码的质量都不会发生改变，所以用天平测量的是物体的质量。

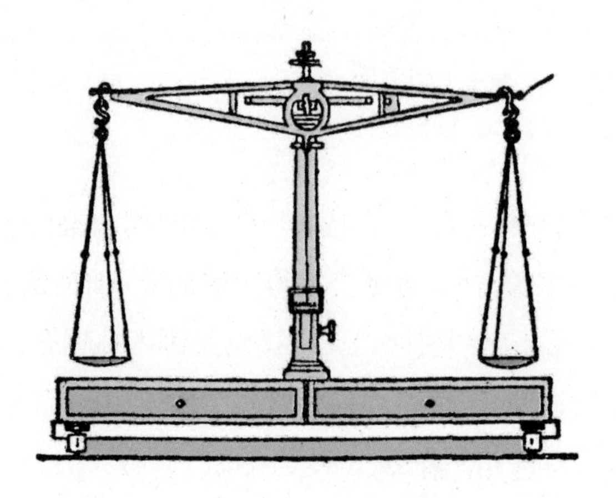

图3 天 平

因为每个地方的重力略有不同，所以，同一个物体，在重力大的地方，重量大；在重力小的地方，重量小。弹簧秤（Spring balance），如图4，它的指针移动的距离和所施加的力的大小成正比。因此，将物体悬挂在弹簧秤上，它的指针移动的距离在各个地方都不同。所以，用弹簧秤测量的是物体的重量，而不是质量。

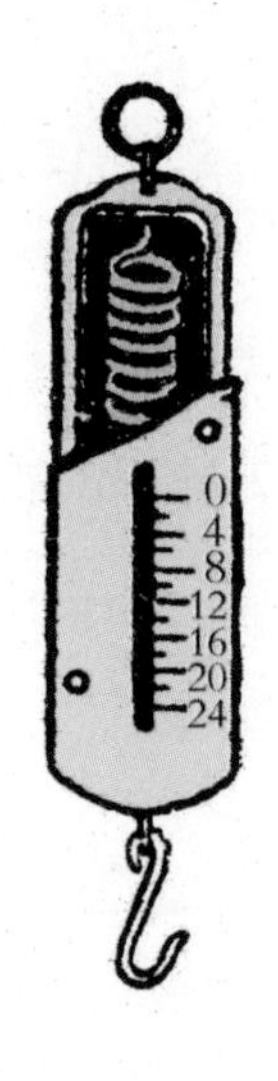

图4 弹簧秤

密度和比重

我们已经知道“质量”这个名词是指物体中所含物质多少的量。世界上各种物体所含物质的量一般都不相同，如果我们把单位体积的物体所含物质的量的大小来做一个测量，就叫作密度（Density）。在CGS单位制中，密度的单位是克/立方厘米，例如，1立方厘米的水的质量是1克，那么水的密度就是1克/立方厘米。常用物质的密度列表如下：

固 体（克/立方厘米）					
铝	2.7	铅	11.34	铸 钢	7.8
黄 铜	8.5−8.8	镍	8.9	钨	19.35
紫 铜	8.96	铂	21.45	银	10.5
锌	7.14	金	19.32	锡	7.28
玻 璃	2.4−2.8	冰	0.9	硬 木	0.7−1.1
软 木	0.1−0.4	栓 木	0.25	花岗岩	2.6−2.8

液 体（克/立方厘米）					
水（4° C）	1.00	硫 酸	1.83	汞	13.5
酒 精	0.79	二硫化碳	1.26	甘 油	1.26
盐 酸	1.18	海 水	1.02−1.07	90# 汽油	0.72
水 银	13.6	牛 奶	1.03	煤 油	0.80

气 体（克/立方厘米）			
空 气（0° C，76厘米水银柱高）	1.29	氢	0.08987
一氧化碳	1.25	氧	1.429

如果我们已经知道某个物体的质量，只要求出它的体积，就可以知道它的密度。例如，已知铅的体积是200立方厘米，质量是2272克，那么它的密度就是2272克÷200立方厘米=11.36克/立方厘米。现在，我们用p代表密度，m代表质量，v代表体积，就可以得出如下公式：

$$p=\frac{m}{v}$$

把某个物体的质量和它同体积的水（4° C）的质量的比，叫作比重（Specific gravity）。比重是一个比数，是纯粹的数字（不名数），所以不像密度一样有单位。不过因为水的密度在4° C时是1，因此比重的数值在CGS单位制常和密度一样。

Chapter 2

液体能压缩吗?

我们在前面已经讲过，液体的形状可以改变，而体积并不增减。如果我们在一个玻璃瓶中装满水或任何液体，再在上面加一个木栓，然后用力向下压，你会发现木栓并不会向下。如果用力过猛，瓶子就会破裂。由此可知，如果液体的体积是一定的，虽然受到较大的压力，也不能使它压缩。

液体内部的压力

在圆柱形的桶中放满水，桶底就因水的重量而受到一种力，这叫作总压力(Total pressure)。总压力的大小等于桶中水的总重量，就是:

总压力=底面积×深度×密度×g[1]

若是把桶底分成若干个单位面积，那么每个单位面积所受到的压力，叫作压强(Intensity of pressure)，或简称压力(Pressure)，就是:

压强=单位面积×深度×密度×g÷单位面积

=深度×密度×g

因为液体的压力是由于重量引起的，所以它不仅对于容器的底面有下压力(Downward pressure)，对于它的内部也有压力，我们可以从下面的实验中得到证实:

实验1. 如图5，用铜片按住无底玻璃圆筒的下端，往筒里注水，然而铜片和筒口并不脱离。由此可见，水有一种向上的压力支撑着铜片。此时，如果继续往筒里注水，直到筒内外的水面相齐时，铜片才会沉下去。这时

1.g为比例系数，大小约为9.8N/kg。

可知水中向上的压力等于筒内水柱的重量，铜片因自身的重量而下沉。

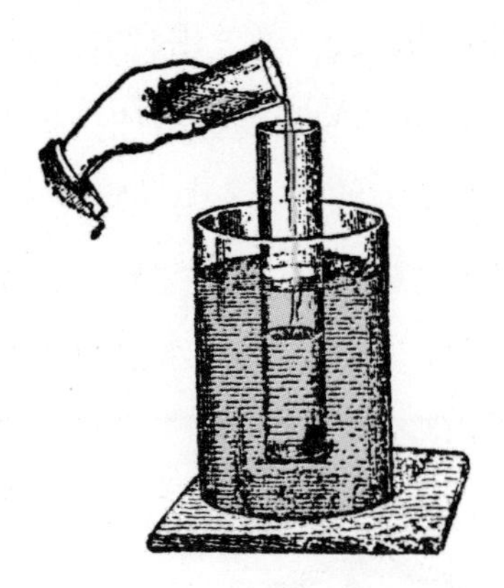

图5 液体内部的压力

实验2. 如图6，取一个圆铁筒，在筒身钻几个竖排的小孔，然后盛满水。这时，小孔中就有水射出来，并且越靠近筒底的小孔射出的水又急又远。这时可知水对于筒的侧壁也有一种压力，叫作旁压力（Lateral pressure）。旁压力的大小也和水的深度成正比。

图6 液体的旁压力

实验3. 如图7，取一根一端封闭的玻璃管，在管中滴一滴红色或蓝色的墨水，横置在米尺旁边。在管的开端连接一根橡皮管，橡皮管的另一端装一个小漏斗，漏斗口上紧缚一张橡皮薄膜。如果用手指压橡皮膜，玻璃管内的墨水滴就会向闭端移动。将手指移开，墨水滴就会回到原来的位置。若压力增大，墨水滴移动的距离也增加。所以，根据墨水滴移动的远近，就可知道橡皮膜上压力的大小。现在把橡皮膜向下，将漏斗压入水中，记下墨水滴移动的位置。再把漏斗翻转，使橡皮膜向上，或侧转漏斗，使橡皮膜朝向任意方向，而使膜面在水中的深度相同，由此可见墨水滴移动的位置并没有发生改变。

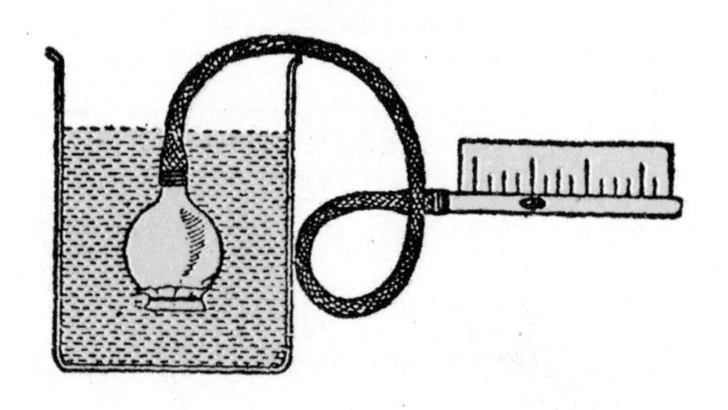

图7 液体内各方向压力均相同

由上面的实验可知，液体的内部有上压力（Upward pressure）、下压力和旁压力，而且在同一深度内，各种压强是相等的。

$$压强P = \frac{压力F}{受力面积S}$$

自来水

“水平面”（Level surface）这三个字，我们有时常会见到。那么水面——液体的表面，为什么会是平的呢？又是否是平的呢？我们在前面已经讲过，物体因受到地球的重力作用，常常竖直下落。液体当然也不例外，也是受到重力的作用竖直向下。但是液体能自由流动，当它的各部分都受到重力的作用时，若是表面倾斜不平，容器内的液面的深度就不等，容器内的液体就会产生压力差。于是，处在高处的液体必定会向低处流动，直到深度相同、压力相等时才止。这时的液面就会保持水平，而且和地球的重力方向垂直。因为液体的表面常常保持水平，所以叫作液体的自由面(Free surface)。

通常检验平面是否水平，常用一种器具，叫作水平器(Level)，如图8。在管中倒入酒精或醚，或其他极易流动的液体，留一个小气泡，装在一块平板上，然后将此水平器放在平面上。如果气泡恰好在正中间，那么这平面就是水平面。否则，气泡必偏于平面高的部分。

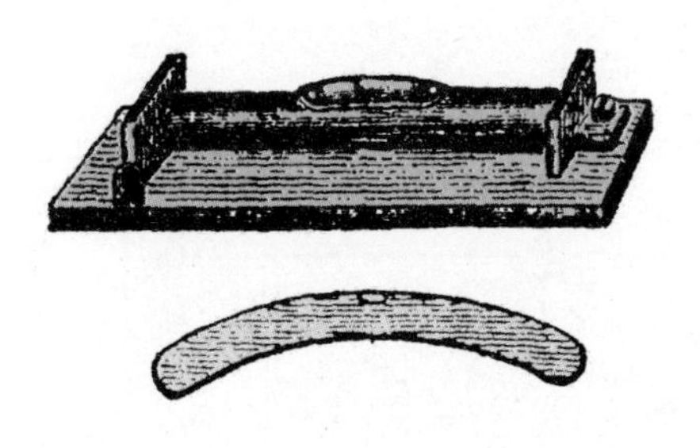

图8 水平器

连通器(Communicating vessels)，如图9，就是根据液体的表面常保持水平的原理所装置成的一种器具。将水注入一个容器中，水一定会流入其他几个容器中，直到各个容器的液面达到同一水平面后才止。

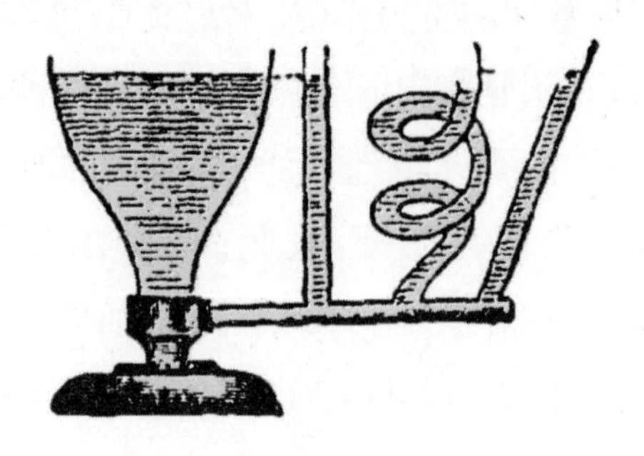

图9 连通器

供水系统(Water supply)和连通器的原理相同。先用泵(Pump)把水压上贮水塔，使塔中的水平面高于地面。再用铅管从塔底通至各处，如图10。这时，因为各个地方的水要保持同一水平面，所以虽在高楼上也可汲取到水。

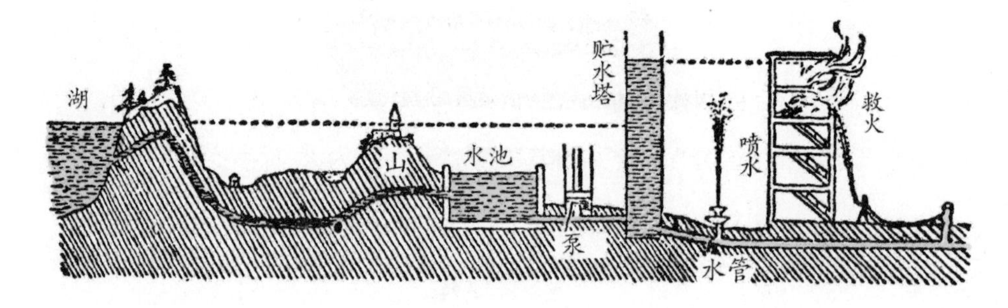

图10 自来水

水压机是怎样的?

既然液体是没有压缩性的物质，那么把力施加到封闭器中的液体上，这力马上就由液体向容器各方传递，大小不变，而且方向和器壁垂直，如下面的实验：

实验4. 如图11，在玻璃管中放入一根活塞管，下面装一个橡皮球，用针在球上钻一些小孔，再往球中注满液体，然后向下推活塞，球中的液体就会从各个孔中依球面的垂直方向射出，而且射出的强度相等。

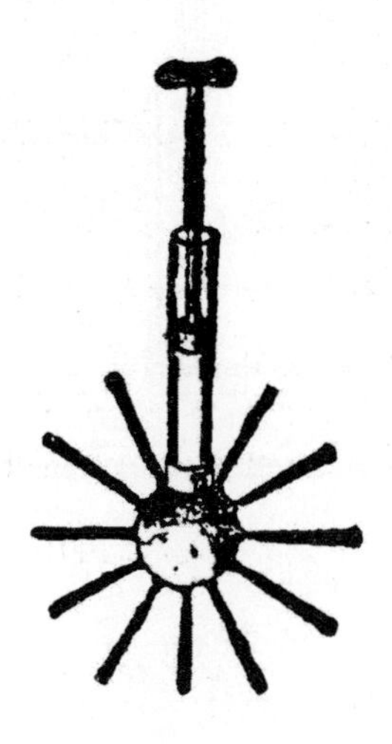

图11 液体的压力

上面这个原理叫作帕斯卡原理（Pascal's Principle）。利用帕斯卡原理，可用较小的力产生较大的力，如图12。A、B为大小两个圆筒，底部连通，内部盛满液体。液面上各浮一个活塞，活塞的大小正好塞满筒口。设A筒活塞的面积是6平方厘米，B筒活塞的面积是2平方厘米。这时，如果在B活塞上加20克的力，那么B筒液面每一平方厘米所受的力是$\frac{20}{2}=10$克。这力传到A活塞的每一平方厘米的面积上，也是10克。于是A活塞的全面积上就受到了$10\times6=60$克的力。若是A活塞更大时，受到的力也就更大。如果以A代表大活塞的面积，B代表小活塞的面积，F_1代表大活塞上所受的力，F_2代表小活塞上所施加的力，就可得到如下公式：

$$F_1=\frac{F_2}{B}\times A$$

或

$$\frac{A}{B}=\frac{F_1}{F_2}$$

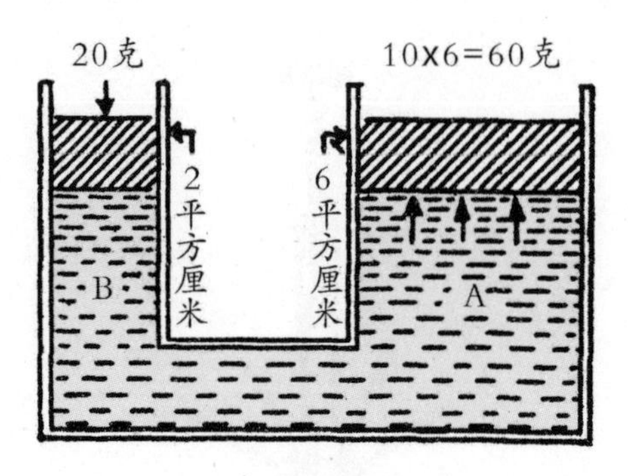

图12 压力的传递

水压机(Hydraulic press)就是利用帕斯卡原理制成的。它的构造如图13。当右方的小活塞上升时，C内的液体就推开活门V而上升。当小活塞下降时，活门V受水压影响紧闭，活门V'就被推开。于是，小活塞增加的压力即向左方大筒内的液体传递。大活塞P的底面受到这向上的压力，就向上移动，以挤压放在活塞上的物体。在日常生活中，如用钉书机压平书籍，棉花、纱布等物的打包，在金属板上打孔，从植物种子中榨油，试验材料的强度，以及各种工作需要极大压力时，都是应用这种水压机。

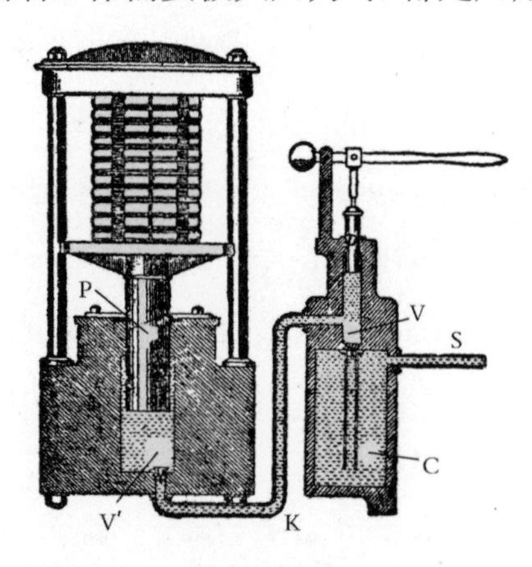

图13 水压机

物体在水中会失去重量

当我们在水中游泳时，身体就会浮起来。用手在水中举起重物，比在空气中轻，这是什么原因呢？我们已经知道液体的内部是有压力的，当一个物体在液体中时，这液体同时受到两种力：一种是重力，一种是周围液体的压力。这时，物体所受的旁压力，因深度相同、压力相等而抵消；而所受的下压力，因为在固体上面的液体深度，与在固体下面的液体深度不同，且比上压力小，于是物体所受的重力就要减轻一部分。这减轻物体重量的力，叫作浮力（Buoyancy）。

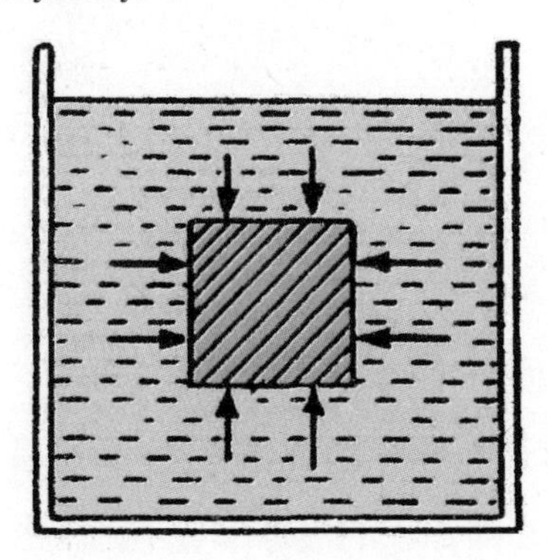

图14 液体的浮力

实验5. 如图15，在天平的左方悬一根金属圆柱B和恰好能容纳这根圆柱的圆筒C。在右盘上配置砝码W，使天平平衡。然后将圆柱B放入水中，就会看到天平的左端向上倾斜。若继续往圆筒中注水，天平的倾斜度渐渐变小。直到筒内注满水，天平才恢复到原来的平衡状态。

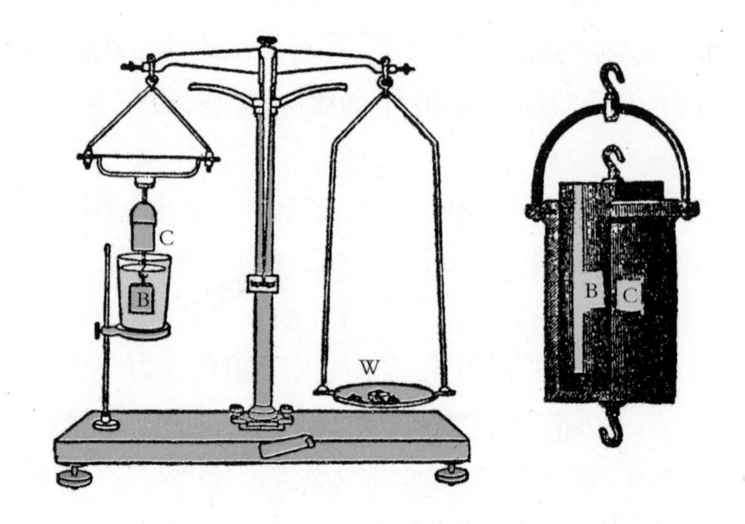

图15 阿基米德原理的证明

由上面这个实验，更可知道物体在液体中所受的浮力，等于它同体积的液体的重量。这个关系叫作阿基米德原理（Archimedes' principle）。

由阿基米德原理便可推知物体在液体中的浮沉与重量的关系：若是物体的重量比它所排开同体积的液体重量大，这个物体就会下沉；若是物体的重量比它所排开同体积的液体重量小，那么浮力大于重力，这个物体就会上浮，直到物体的重量刚好和浮力相等为止；若是物体的重量和它所排开同体积的液体重量相等，那么浮力等于重力，物体在液体中的任何部分都保持静止状态。这种能浮于液体中的物体，我们把它叫作浮体（Floating body）。根据上面所说的关系和阿基米德原理，就可得到一个浮体定律（Law of floating body），即浮体没入水中所排开的液体的重量，等于该浮体的重量。我们试由下面的实验来证明：

实验6. 取一个溢水桶放在台秤（物理天平）的托盘上，如图16。先往桶中注水，使水面和出水孔相平。再在另一个托盘上加砝码，使台秤平衡。然后取一个浮体缓缓置于水中，这时水就由出水口流出。用杯子接住流出的水，等水流停止后，台秤仍保持平衡状态。接下来测量浮体的重量和流出的水的重量，就可知流出的水的重量等于浮体的重量。

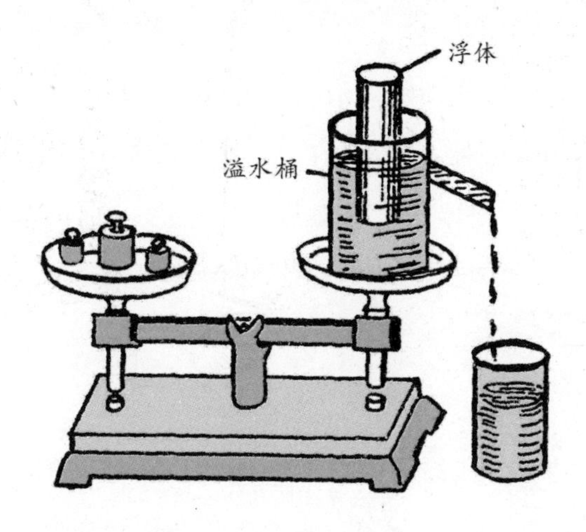

图16 浮体实验

如何测量比重？

比重的意义，我们在前面已讲过是一个物体的质量和它同体积的水的质量在4° C时的比数。那么，怎样去测量它呢？一般用以下几种方法：

（1）当固体的比重比水大时，可先在空气中测得它的重量，设为W_1。再把它放入水中，测得它的重量为W_2。由阿基米德原理可知：

W_1-W_2=固体在水中失去的重量=与固体同体积的水的重量。

所以，它的比重可由下式求出：

$$比重=\frac{W_1}{W_1-W_2}=\frac{固体的重量}{固体在水中失去的重量}=\frac{固体的重量}{同体积的水的重量}$$

（2）当固体的比重比水小时，可先在空气中测得它的重量，设为W。

再在它的下面悬一把锤子，将锤子放入水中，而使这个固体仍在水外，测得它的重量为W_1。然后把这个固体和锤子都放入水中，测得它的重量为W_2，因为

W_1=固体在空气中的重量+锤子在水中的重量

W_2=固体在水中的重量+锤子在水中的重量

所以　$W_1 - W_2$=固体在水中失去的重量

=与固体同体积的水的重量。

由下式可求出：

$$比重=\frac{W}{W_1 - W_2}$$

（3）求液体的比重时，可先取一个固体，在空气中测得它的重量为W。再将这个固体放入水中，测得它的重量为W_1。然后将这个固体放入拟测的液体中，测得它的重量为W_2。因为：

$W - W_1$=固体在水中失去的重量

=与固体同体积的水的重量；

$W - W_2$=固体在液体中失去的重量

=与固体同体积的液体的重量。

所以由下式可求出：

$$比重=\frac{W - W_2}{W - W_1}$$

（4）用比重瓶（Specific gravity bottle）求液体的比重，如图17。先测得此瓶的重量为W，再在瓶内注满拟测的液体，测得总重量为W_1。然后将瓶内的液体倒出，盛满水，测得总重量为W_2。因为$W_1 - W$和$W_2 - W$是同体积的液体和水的重量，所以

$$比重=\frac{W_1 - W}{W_2 - W}$$

图17 比重瓶

(5)工业上测液体的比重，通常用比重计(Hydrometer)，如图18，是一根中空的玻璃管，下端装有水银或铅粒，以便比重计在液体中垂直浮立，管中有一张纸条，上面刻有比重的度数。测量液体的比重时，将比重计放入液体中，根据浮体定律，比重计所排出的液体的重量等于比重计的重量。所以，液体越重，比重计浮得越高；液体越轻，比重计沉得越下。通过观察玻璃管中纸条的刻度，就可知道液体的比重。

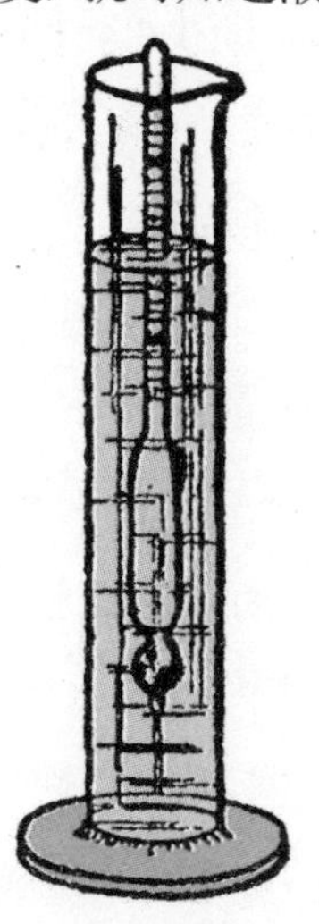

图18 比重计

分 子

物体是由物质构成的，我们在前面已经讲过，那么，物质又是由什么构成的呢？你试着折断一支粉笔，就可以分成两段，再分就可以分成四段。若是继续分下去，一定可以把它分成无数细小粒子，以致分到不能再分、比粉末还小、人的眼睛所不能看见的极小微粒。这些微粒的性质和原来粉笔的性质一样。这种不能再分的微粒就是构成粉笔的分子（Molecule）。一切物质都是这样，由无数分子构成。

如果用化学方法把分子再分，就可以得到比分子还小，而性质和分子不同的微粒，叫作原子（Atom）。原子是由原子核（Nucleus）和绕核运动的电子（Electron）所组成的。

分子是极小的微粒，即使我们用很精细的显微镜也看不见。它们之间有着一定大小的空隙，而且每个分子都在不规则地运动着。我们可以从下面的实验中得到证实：

实验7. 用锤子敲击木块，就可以看见木块的被击处凹下。由此可见，木块的分子受到锤子的压力后，缩小了它们之间的空隙。

实验8. 往玻璃杯中注水，然后滴入数滴红墨水，由此可见，就可以看见两种液体因分子的运动渐渐混合。

分子之间的空隙大小各不相同，气体最大，液体较小，固体最小。分子运动的快慢也有所差别，气体最快，液体较慢，固体最慢。

在短距离间，分子和分子之间有一种互相吸引的力，叫作分子力（Molecular force）。物体之所以能保持它们的状态，就是因为有分子力。同类分子间的吸引力，叫作内聚力（Cohesion）；异类分子间的吸引力，叫作附着力（Adhesion）。铜、铁、石块等固体不易敲碎，桌上的水银小粒自成球形，都是因为内聚力。胶水能黏贴纸片，粉笔可以在黑板上写字，都是因为附着力。

吹肥皂泡

实验9. 在一根玻璃管的甲端蘸少许肥皂液，用嘴在乙端吹气，就出现了一个球形的肥皂泡。嘴一离开，肥皂泡就会缩小。如果在靠近乙端的位置放一根蜡烛，那么，当肥皂泡缩小时，可压出肥皂泡中空气，使烛焰偏斜，如图19。

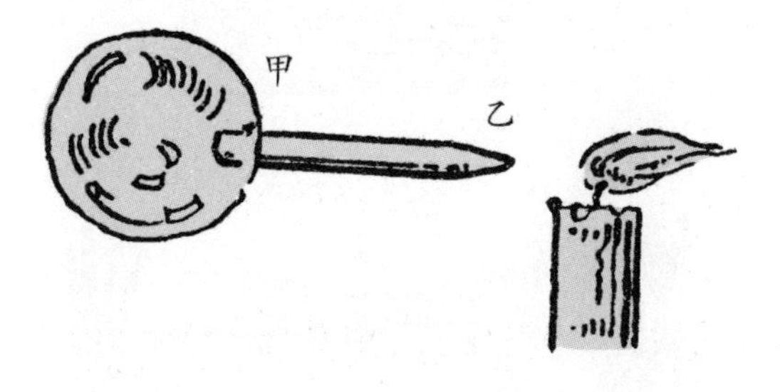

图19 肥皂泡缩小

实验10. 用铜丝弯一个圆环，在圆环上系一个细线围成的圈，将它们全部浸入肥皂液中。取出时在圆环上蒙上一层液膜，如图20的（1）。用烧热的铁针刺破细线圈上的膜面，则线圈外的液膜收缩。将细线圈拉开后，形成了一个圆形，如图20的（2）。

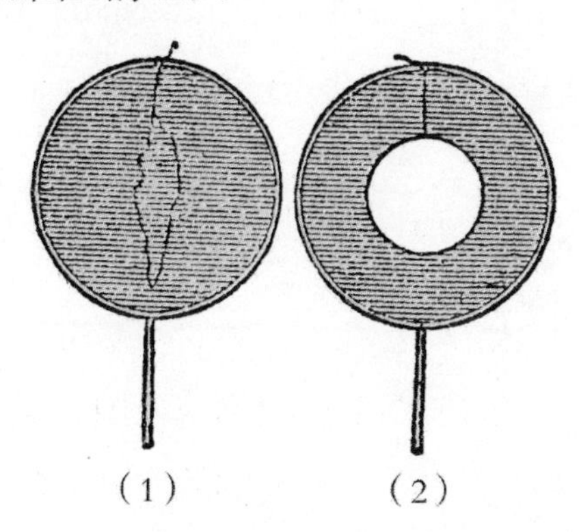

图20 液膜的表面张力

由上面的实验可知，液体的表面和橡皮膜一样，有收缩至最小面积的力，这叫作表面张力（Surface tension）。实验9的肥皂泡因液面收缩，可将空气压出；实验10的线圈因细线圈外的液面缩小，所以把圈内的面积扩至圆形。根据几何学原理，周围一定时，圆的面积最大。又如池塘的水面，常见小虫自由行走，如图21。铁针虽比水重，但小心地放在水面上，也能浮而不沉，这都是表面张力的作用。

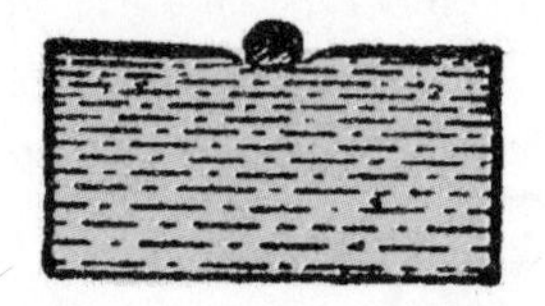

图21 表面张力

那么，液体为什么会有表面张力呢？我们试作一个比喻：譬如有十多个人站在两棵树中间，每个人都将手伸开，拉住相邻的人的手，两端的人则一手扶树，然后各自用力。这就和液体的表面张力相仿。所以，液体的表面张力因液体表面各分子有内聚力，受前后左右各分子的吸引力而产生的。

因为液体的种类不同，所以表面张力各有强弱，水银的表面张力最大，水较小，石油、酒精等更小。

吸水纸为什么能吸墨水?

连通器内的液面平常都在同一个水平面上，我们已经知道了，但有时却有例外，试看下面的实验：

实验11. 两根粗细不一、底部连通的U形玻璃管，如图22。往一根管中注入有颜色的水，另一根管中注入水银。这时可见在注水的U形管中，细管的液面比粗管的液面高；而在注水银的U形管中，细管的液面比粗管的液面低。

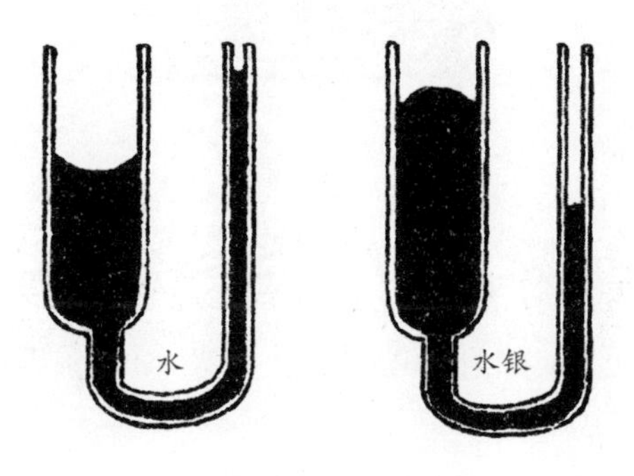

图22 U型管中的液面

上面这个实验所发现的——液面在细管中升高或降低的现象，叫作毛细现象（Capillarity）。因为水的附着力大于内聚力，所以，当水和玻璃管壁相附着时，水面成凹面，同时表面张力缩小液面，使水面由凹面变成平面。于是，附着力立刻使液面变成凹面，再由表面张力缩小为平面。液面逐渐上升，直到张力和高出的液柱重量相等时才止。而水银的内聚力大于附着力，水银不和玻璃管壁相附着，水银的表面成凸面，在表面张力的作用下，使水银的凸面向下变成平面。内聚力又使液面变成凸面，在表面张力的作用下变成平面。液面逐渐下降，直到张力和下降的液柱重量相等时才止。

在同一液体中，管中液体的升降和管的粗细成反比，管越细，升降的幅度越大，如图23。

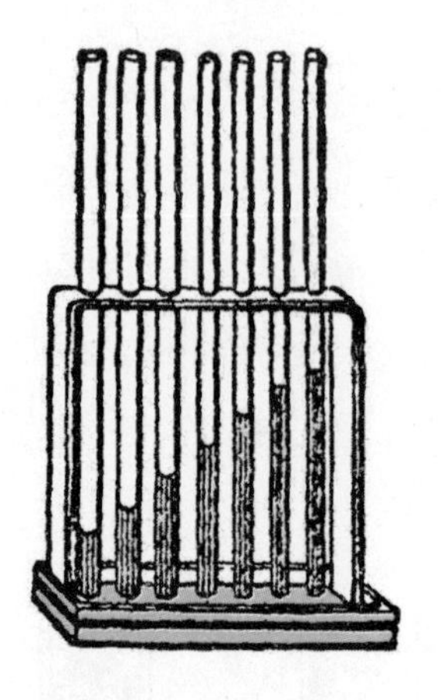

图23 毛细现象

毛细现象不限定在管中发生，即使在不是管状的物体中也可发生。在日常生活中随处可见，如灯芯吸油、砖头吸水、毛巾吸汗、吸水纸吸墨水等。

Chapter 3

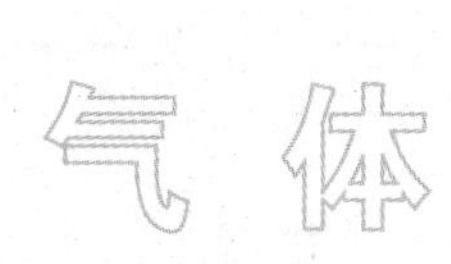

气体能压缩吗?

我们在前面已经讲过,液体不能压缩,而气体则不然,有明显的压缩性(Compressibility)和膨胀性(Expansibility)。试取一根一端封闭的铜管和一根与管径大小相当的铁棒,往管中注入空气或任何气体,然后将铁棒插入铜管内,即可毫不费力地将铁棒压入。将手移开后,铁棒又弹了出来。由此可见,气体具有压缩性和膨胀性。我们日常所见的橡皮轮胎、气垫、足球中的气囊等都是这种现象。

大气的压力

地面上的空气范围极广,所以常称作大气(Atmosphere)。大气因受到地球的吸引力,所以紧围地球,而不飞散。但是气体有压缩性,因此靠近地球的空气受上层空气重量的下压,密度比上层空气大,所处的位置越高空气就越稀薄。大约在200公里以上的高度,还有稀薄的空气存在着。

虽然高空中的空气密度小,但仍然会对地面产生很大的压力。这种压力,叫作大气压(Atmospheric pressure),可用下面的实验来证明。

实验12. 取一个杯口极平的玻璃杯或茶杯注满水,在上面覆一张厚纸,紧贴杯口。然后用手压住杯口倒转,使杯口向下。撤开手后,就可以看见纸片紧贴杯中的水,而不下落,如图24。

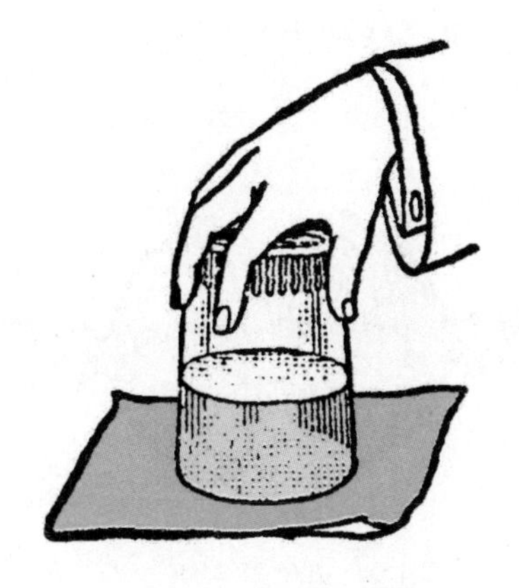

图24 气压的作用

实验13. 取一个有圆孔的玻璃钟，用橡皮膜扎紧孔口，放在抽气机的盘上，缓缓抽去玻璃钟内的空气，就可以看见随着玻璃钟内空气的减少，压力逐渐降低。最后，玻璃钟外的大气压将橡皮膜压入孔内，以致破裂。如图25。

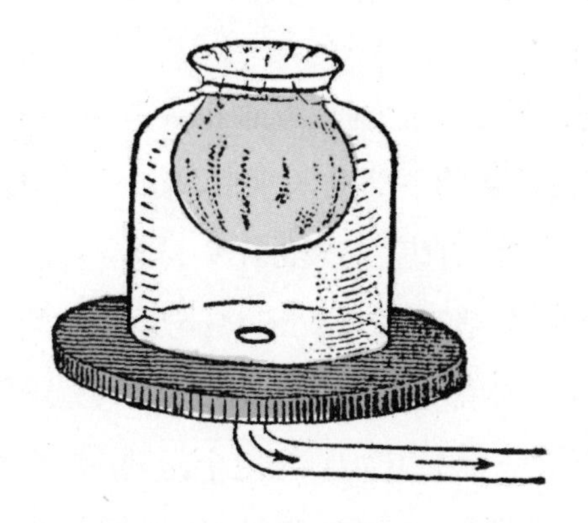

图25 气压裂膜

从前，德国马德堡（Magdeburg）市长格里克（Otto von Guericke）曾制两个直径22寸的金属半球，如图26，叫作马德堡半球（Magdeburg hemispheres），在德皇面前证实大气的压力。他将两个半球接合在一起，抽去球内的空气。因为金属半球被大气压紧，用十六匹马才将两个半球分开。

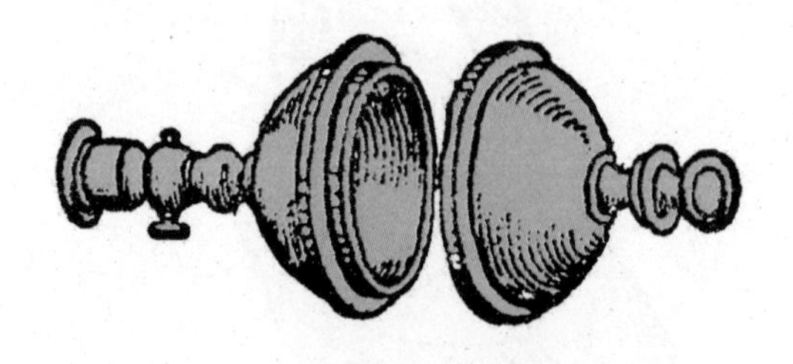

图26 马德堡半球

照上面所说，既然大气压如此强大，那么，我们被大气包围着，为什么没有受到大气的压迫呢？这是因为人体的内部和外部同时受到气压的作用，使各方压力平衡的缘故。

大气压是如何测量的？

空气有重量吗？空气有压力吗？从前的人并不知道，所以古代的罗马人和希腊人看见一根长管的下部插入水中，抽去上部的空气后，水即上升的现象，以为是“自然憎恶真空”（Nature abhors a vacuum），并无其他解释。后来，意大利学者伽利略（Galileo）于1632年，用实验证明了空气有重量，而且各种气体都有重量。到1640年，他又发现用泵抽水的高度不能超过33英尺。于是，他又开始研究这个问题，并授意他的学生托里拆利（Torricelli）继续研究。直到1643年，托里拆利才用水银柱代替水柱测量出了大气压。

托里拆利的实验，如图27，在一根长约一米、一端封闭的玻璃管中盛满水银，用手指堵住开口处，倒置在水银杯中。将手指移开后，管中的水银柱下降了少许，且在管顶留有一段真空。管内水银面离杯中水银面的高度约为76厘米。这是因为管中水银柱上端留有一段真空，所以没有大气压的作用。而管外杯中的水银面，则受到大气的压力。这压力一直传到管口，当压力的大小刚好和管内76厘米高的水银柱重量相等时才能支撑。所以，可由水银柱的高度推算出大气压，因为单位体积水银重量是13.6克，所以在杯中的水银每单位面积上就有76×13.6=1033.6克/平方厘米的大气压，将这个数值定为气压的单位，就称为气压（Atmosphere）。

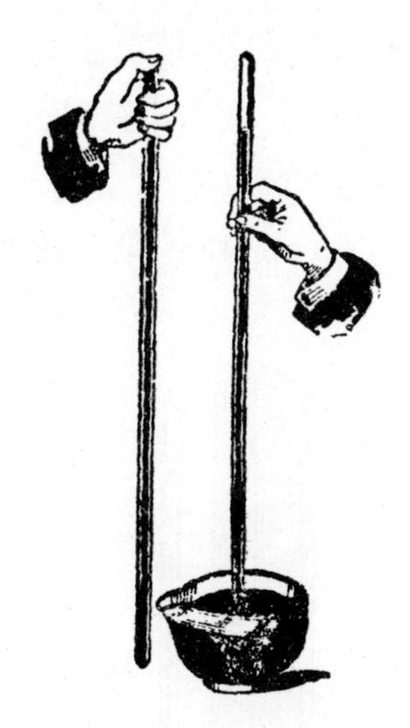

图27 托里拆利实验

气压随时随地都会发生变化。在高于地面的地方，气压比地面上低。根据托氏的实验，高度每升高1000米，管中的水银柱便降低8厘米。通常以水银柱76厘米的高度为标准大气压（Standard atmospheric pressure）。

气压计是怎样的?

上面所讲的托里拆利实验，管中的水银面因大气压而定。所以，如果大气压发生变化，那么管中的水银面也会有所升降。于是，利用这种关系制成的器械，就可以由水银面的升降测量大气压的变化，这叫作气压计（Barometer）。又因为大气压的变化和天气的阴晴有关，天晴，气压就高；天阴，气压就低。由气压可以预测天气的阴晴，所以气压计通常又叫晴雨计。

气压计有两种：一种是水银气压计（Mercury barometer），是根据托里拆利实验的原理制成的，如图28。它的主要部分为一个水银槽和一根倒立在槽内盛满水银的玻璃管。管的上端配有一把刻度尺，刻度尺的起点在水银槽中的象牙针尖上。测气压时，先转动杯底的螺旋，使水银面升高，和象牙针尖接触，就可由刻度尺读出管中水银柱的高度。

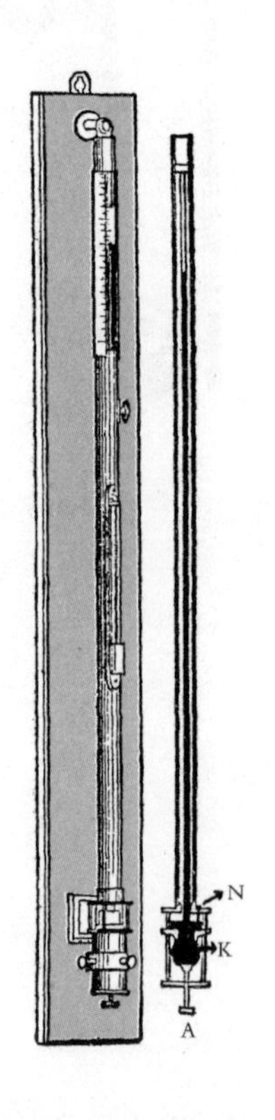

图28 水银气压计

还有一种是无液气压计（Aneroid barometer），如图29，主要部分是一块薄金属板制成的圆盒C，盒内为半真空。若盒外气压有所增减，那么盒面就起凹凸作用，继而向杠杆L、A施力，由链条B传递至指针I，从而使它转动。由指针所指的刻度，就可以知道当时的气压。

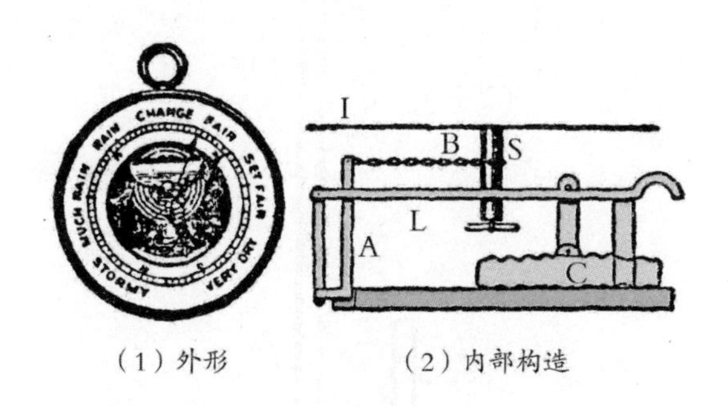

（1）外形　　（2）内部构造

图29 无液气压计

气体的体积和压力有关系吗？

因为气体是可压缩的物质，所以它的体积就随着所受的压力而变化，如下面的实验：

实验14. 取一根U形玻璃管，如图30，A端封闭，从另一端注入水银。于是，管内AB段盛有密闭的空气。这时，测量AB的长度。再从管口注入若干水银，就可以看见闭端的空气体积缩小，水银面升至B'处，开端的水银面升至D'处，再测量AB'的长度。

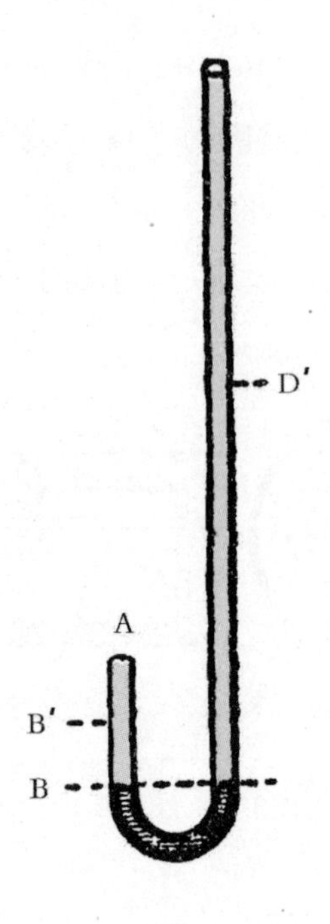

图30 波义耳定律

由上面的实验可知，当温度一定时，一定质量的气体的体积与所受的压强成反比，这个关系叫作波义耳定律（Boyle's law）。假设V_1为一定质量的气体在压强P_1时的体积，V_2为压强由P_1变为P_2时的体积，这波义耳定律就可用下式表示：

$$\frac{V_1}{V_2}=\frac{P_2}{P_1}$$

或 $P_1V_1=P_2V_2$=常数

即 压强×体积=常数。

当气体的体积改变时，密度也随之改变。气体的体积受到挤压后缩小，密度增大。压强的大小和密度成正比。假设P_1为p_1时的密度，P_2为p_2时的密度，可得如下公式：

$$\frac{P_1}{P_2}=\frac{p_1}{p_2}$$

气球为什么会上升呢?

因为气体分子间的距离较大，所以气体的分子运动很自由，常常想膨胀自己的体积。因此在密闭的容器内的气体，不受容器大小的限制，都呈扩散状态。无数分子和器壁连续碰撞，产生一种压力。无论器壁的形状如何，这个压力总是和器壁垂直，和液体一样。所以，帕斯卡原理和阿基米德原理对于气体也适用。

既然地面上的物体都受到来自四面八方的大气的压力，那么根据阿基米德原理，物体也应受到大气的浮力，和在液体中一样。所以，物体在空气中的重量比在真空中的重量轻，所减轻的重量等于它所排开同体积空气的重量。物体的体积越大，排开的空气越多，它所受的浮力也越大。所以，体积大的物体的重量要比体积小的物体的重量多减轻一些。如果物体本身的重量比它所排开同体积空气的重量小，那么它就可以在空气中浮起来。气球（Balloon）的原理，利用的就是空气的浮力。用轻于空气的气体，如氢、氦或煤气等，将它们填充在丝织或涂胶的棉织物所制成的大气囊中，如图31。在球下悬一个篮子，人坐在篮中，随气球上升。直到气球升至高空中空气密度较小的地方，空气的浮力和它本身的重力相等时才止。如果想要下降的话，可放出囊中的一部分气体，使浮力和体积减小，就会缓缓下降了。

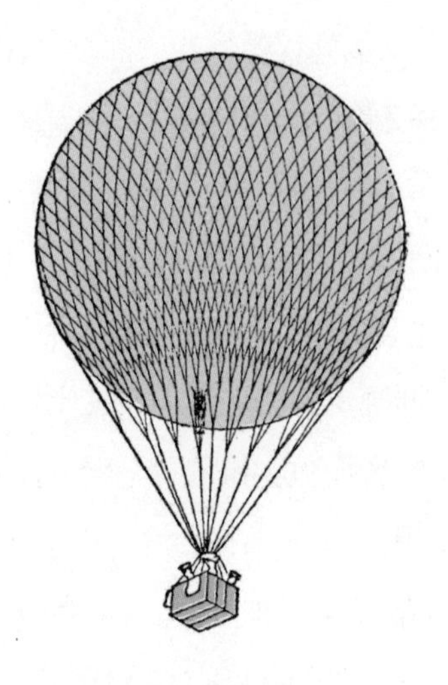

图31 气 球

虹吸管

如果你要把在位置较高的容器中的液体，移入位置较低的容器中，你不必倾倒容器，只要用一根橡皮管或一根有长短两臂的弯曲管就可以了。在管中注入液体，一端（短臂）插入位置高的容器中，另一端（长臂）插入位置低的容器中。这时，高容器中的液体就会不断地向低容器中流入，如图32。这样的装置叫作虹吸管（Siphon），又称过山龙。

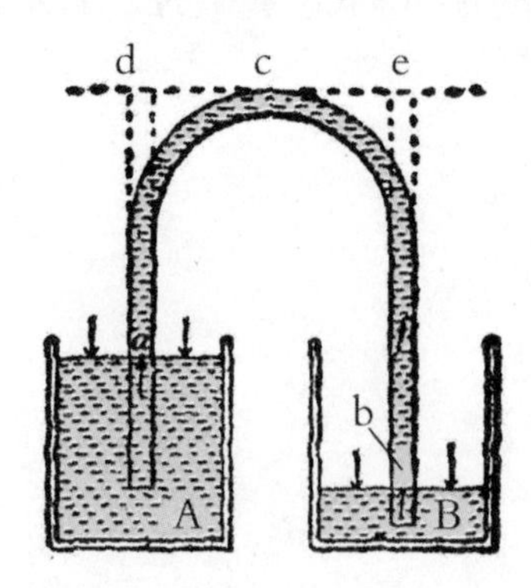

图32 虹吸管

虹吸管也是利用大气的压力，如上图。短管a处的上压力等于大气压减去液柱ad的下压力，长管b处的上压力等于大气压减去液柱be的下压力。既然液柱be比液柱ad长，所以a处的上压力比b处的上压力大，液体就会从短管向长管流动。

因为大气的压力是1033.6克/平方厘米，也就是可以支撑单位面积上1033.6厘米高的水重，所以，虹吸管的短管的长度不能超过1033.6厘米，否则就不能发生虹吸作用。又如，当两容器的液面高度相等时，则虹吸作用亦要停止。

虹吸管除了上图的装置外，还有一种叫作断续虹吸（Intermittent siphon），如图33，由一个容器内放一根弯管制成。若水面未达管顶，则水停在容器内；若水面高出管顶，则管内立即发生虹吸作用，使水流出。

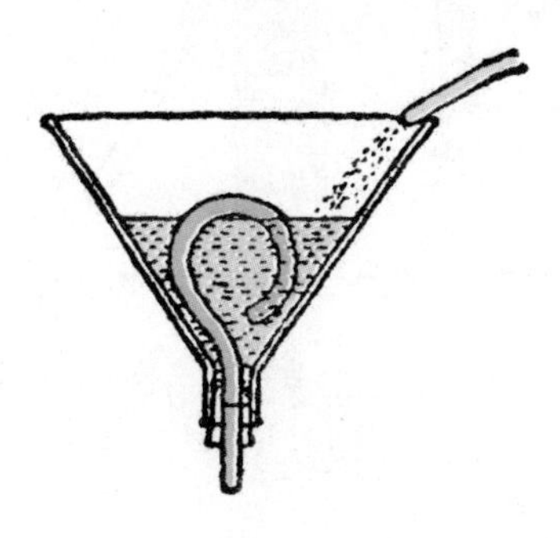

图33 断续虹吸

泵

泵的种类极多，如我们日常所见的打水机、打气筒、水龙（消防泵）等等，现在分述于下：

（一）抽吸泵（Suction pump）是抽水泵（Water pump）的一种，是利用大气压将低处的水送至高处的器械。通常汲取井水的抽水机就是这种。它的构造如图34，为一个圆筒C和一个活塞P，筒底有进水管B通至井内，进水管和圆筒的接通处有一个活门s，活塞上还有活门t，都是向上开放。当活塞上提时，筒内空气稀薄，井内的水因大气压被压入进水管，冲开活门s升入圆筒内。当活塞下降时，活门s被水压闭，圆筒内的水就冲开活塞上活门t，流入活塞上面。当再向上提活塞时，活塞上面的水就从圆筒旁的出水管流出。

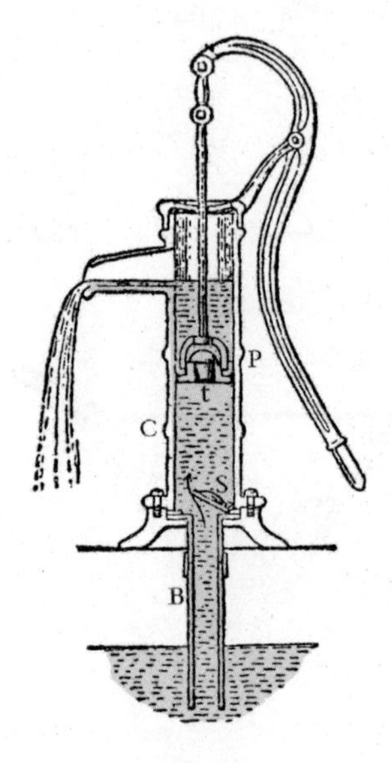

图34 抽吸泵

（二）压力泵（Force pump）也是抽水泵的一种。它的构造和抽吸泵类似，不过活塞上没有活门，而把出水管移至筒底，如图35。管内装有一个活门t，只能向上开放，活门和出水管E间装有一个密闭的空气室D。当活塞上提时，水从进水管流入筒内。当活塞下降时，筒内的水压入出水管，冲开活门t，一部分从出水管流出，一部分压入空气室内，将空气压缩。当再向上提活塞时，水虽不压入出水管，但同时压缩的空气膨胀，也能将空气室内的水压出管口。所以，无论活塞上下，水都能连续压出，不间断。

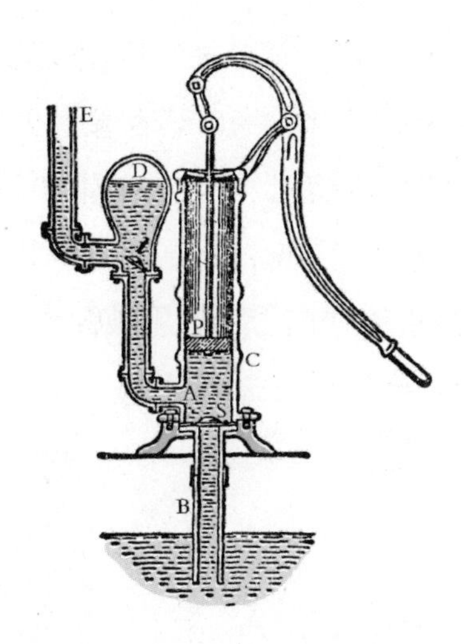

图35 压力泵

如果抽水泵的圆筒距离所汲取的水面过高，因大气压的限度，水就不会升入管中，从而失去抽水的效用。

（三）消防泵（Fire pump），俗名水龙，是由连于同一杠杆上的两个压力泵组合而成，如图36。水从两侧的圆筒交互压入空气室内，最后水由G口喷出，达到最大效用。

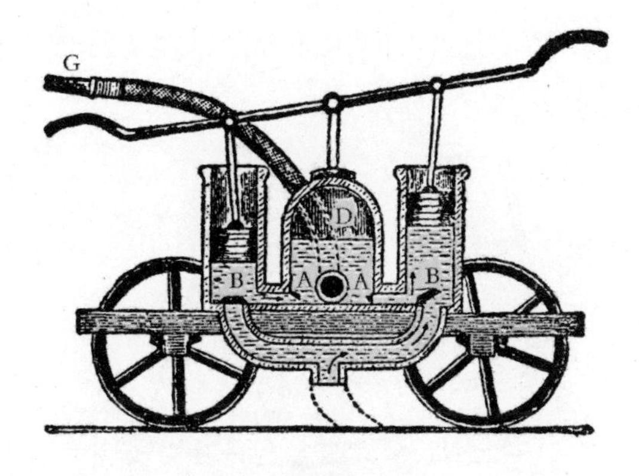

图36 消防泵

（四）空气泵（Air pump），又名抽气机，样式繁多，如图37所示，是最简单的一种装置。C为一个圆筒，筒内装有一个活塞P及活门s、t，由T管和要抽去空气的钟形瓶R相连接。当活塞上提时，C筒内的气压骤降，瓶内的空气就由活门t冲出，活门s则被筒外的空气冲闭。当活塞下降时，筒内的空气受到挤压，冲开活门s逸出，活门t则被筒内的空气压闭。如果反复抽压活塞，瓶内的空气就会逐渐稀薄，和真空相近。

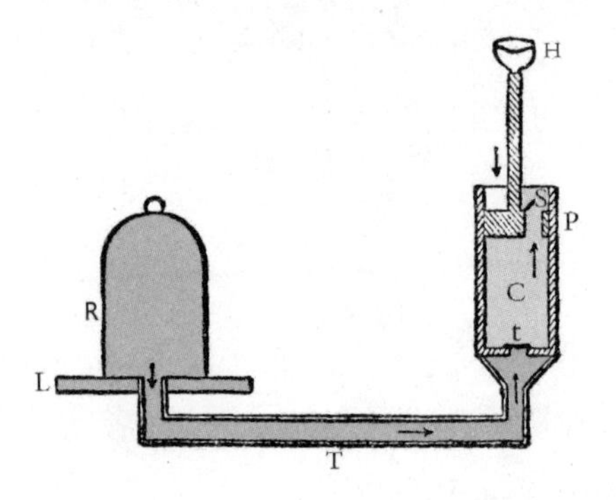

图37 空气泵

（五）压缩泵（Compression pump），俗称打气筒，构造和空气泵相似，只有活门s及t的开闭方向和空气泵相反。所以它的作用亦相反，能使空气压入R瓶内。脚踏车、汽车的橡皮轮胎，以及足球内胆的充气，用的都是这种泵，如图38。

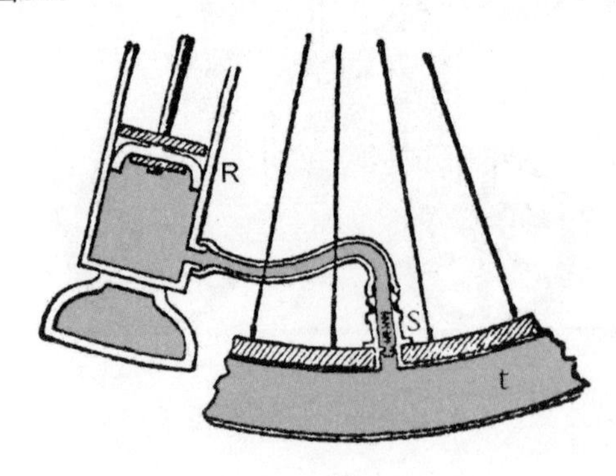

图38 压缩泵

皮球为什么会跳跃?

当你用力将皮球向地面拍下时，皮球因受了你所加的力和地球的重力，就会向着地面碰撞。皮球着地的一部分球面和球中的空气被挤压后，改变了原来的形状。但这时皮球着地后，所施加的力已除去，由于力的反作用(Reaction)和球面及球中空气要恢复原状，就会向上跳跃。这种物质因受外力而发生形状的变化的现象，叫作应变(Strain)。外力除去后恢复原状的现象，叫作弹力(Elastic force)。具有弹力的性质，叫作弹性(Elasticity)。富有弹性的物体，叫作弹性体(Elastic body)。皮球会跳跃，就是因为它具有弹性。

世界上的一切物体差不多都有弹性，不过由于物质的不同，弹性的大小也有所不同。通常来说，液体的弹性最小，气体的弹性最大。

弹性体因受外力所产生的应变，如果外力不大，除去外力后，就会完全恢复原状。如果外力太大，除去外力后，还是不能完全恢复原状，留有一部分的应变，这叫作永久变形(Permanent set)。物体所能恢复得最大应变，叫作弹性限度(Elastic limit)。每个物体的弹性限度都不同，如橡皮的弹性限度极大，玻璃、象牙等极小。英国人胡克(Hooke)研究得到一个结论:“在弹性限度内，物质形状或体积的变化和它所受的力成正比例。”这叫作胡克定律(Hooke's law)。

弹簧秤就是应用胡克定律的原理制成的，是用以测量力或重量的器械，它的外形如图39，用钢丝卷成一个螺线的弹簧，装置在一个适当的圆筒内。然后用力拉弹簧，在筒外依弹簧所附的指针的指示处刻划度数。使用时就可由指针移动后静止时所指示的数值，读出想要测量的力或重量。

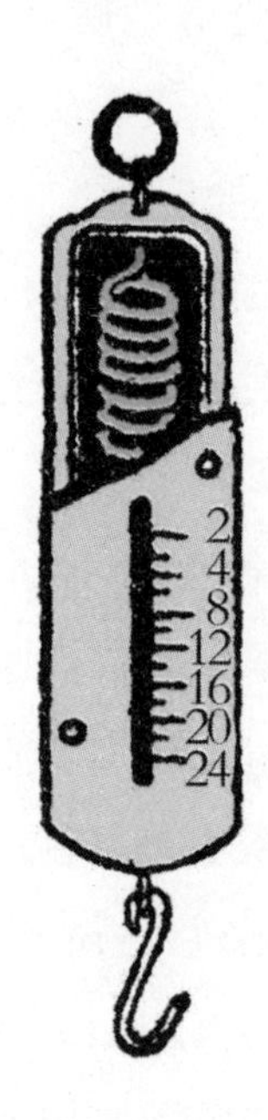

图39 弹簧秤

Chapter 4

运动和力

物体的运动和静止

物体的位置继续变化的现象，叫作运动（Motion），否则就叫作静止（Rest）。例如，行进中的火车是运动的，而桌上的墨水瓶是静止的。但是运动和静止是相对的，如行进的火车上的乘客，对于地面来说虽是在运动，而对于火车来说仍是静止的；桌上的墨水瓶对于地球来说虽是静止的，而对于某一个天体来说，又是在随着地球而运动。所以，运动和静止必须依据一个标准体而定。通常地面上一切物体的运动或静止都以地球为标准体。

运动分为移动（Translation）和转动（Rotation）。若物体内的各点均做同样的运动，叫作移动，如火车在轨道上的运动。若物体内的各点均绕同一轴线而旋转，叫作转动，如磨石的绕轴运动。

物体移动时通过的路径，如是直线的，就叫作直线运动（Rectilinear motion）。如是曲线的，就叫作曲线运动（Curvilinear motion）。

静止的物体不加外力，不会自己运动；运动的物体不加外力，也不会自己静止。例如，人站在静止的电车中，电车突然开动，虽然当时人的足部随电车而动，而身体仍处于静止状态，所以必向后倾斜。又如电车突然停止，虽然当时人的足部随电车而停止，而身体仍处于运动状态，所以必向前倾斜。请看下面的实验：

实验15. 取一个火柴盒立在书本上，然后快速推书本，火柴盒即向后倒下，如图40（1）所示。若缓慢推书本，使火柴盒与书本一起运动，然后将书本骤然停止，火柴盒即向前倒下，如图40（2）所示。它的原理和上面所说的电车中的人相同。

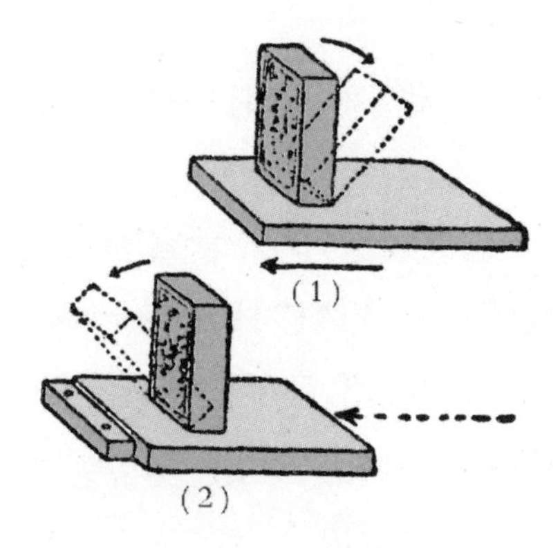

图40 惯性的表示

由上面所说的关系可知，物体常有保持静止或运动的性质，这叫作惯性（Inertia）。从前，大物理学家牛顿（Newton）曾确定了物体的惯性和力的关系：一切物体，若不受外力的作用，静止的永远静止，运动的永远朝着一条直线的方向运动，这叫作惯性定律（Law of inertia），也叫作牛顿第一运动定律（First law of motion）。

图41 牛 顿

速度和加速度

物体因运动而改变它的位置，若不管它所花费的时间，只看它移动的距离的大小和方向，这就叫作位移（Displacement）。例如，某人向东行五里，“五里”就是位移的距离，“向东”就是方向。可用直线AB表示，如图42。AB的长短即表示位移的大小，B端箭头即表示位移的方向。

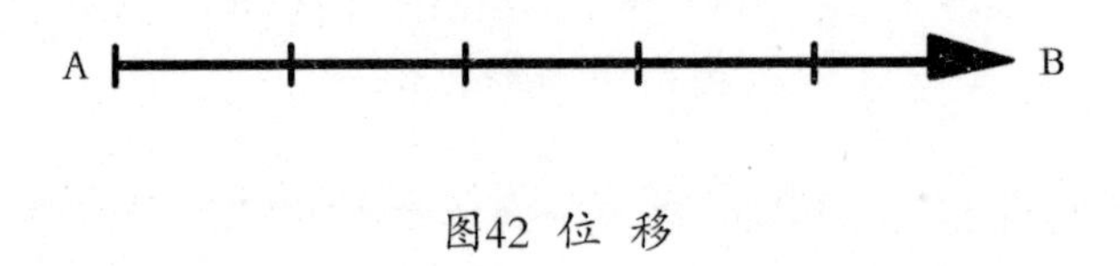

图42 位 移

物体在单位时间内产生的位移，叫作速度（Velocity）。所以，速度包含时间、距离和方向三种关系。若仅说在单位时间内移动的大小，而不管它的方向，这叫作快慢或速率（Speed）。例如，某人每小时行五里，是指速率。若说某人每小时向东行五里，这就是指速度了。试看下表，就可知位移、速度、速率的区别了：

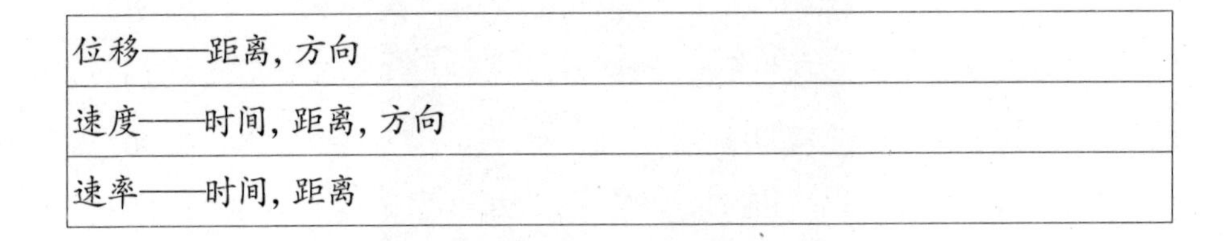

位移——距离，方向
速度——时间，距离，方向
速率——时间，距离

无论时间长短，若在相同的时间内产生的位移相等，就叫作等速度（Constant velocity）。物体的等速度运动，叫作匀速运动（Uniform motion）。所以，匀速运动的物体一定在一条直线上运动，且在每单位时间内通过的距离相等。若用s表示距离，t表示时间，v表示速度，可得匀速运动的公式如下：

$s = vt$ 距离=速度×时间

或 $v = \frac{s}{t}$ 速度 $= \frac{\text{距离}}{\text{时间}}$

相反，若在相同的时间内产生的位移不等，就叫作变速度（Variable velocity）。物体的变速度运动，叫作变速运动（Variable motion）。虽然变速运动的速度时常改变，但在一定时间内必经过一定的距离，若用匀速运动的公式来计算，所得的速度叫作该时间的平均速度（Average velocity）。

若距离的单位用厘米表示，时间的单位用秒表示，那么速度的单位就应当将距离和时间的单位合在一起表示，写为“厘米/秒”，称为厘米每秒（Centimeters per second）。其他如每分钟英尺（Feet per minute）等都可以用来表示速度的单位。

火车从车站开出，静止时的速度固然为零，但开出后，每秒间的速度逐渐增加。到火车快要进站时，速度又逐渐减小，最终变为零。这种变速运动的物体，在单位时间内所产生的正或负（增或减）的速度的变化，叫作加速度（Acceleration）。若这变速运动的物体，在每单位时间内所产生的速度的变化相同，就叫作匀加速度（Uniform acceleration）。物体的匀加速度运动，叫作匀加速运动（Uniformly accelerated motion）。设V为t秒末的速度，a为加速度，可得到如下公式：

$a = \frac{V}{t}$ 加速度 $= \frac{\text{终速度}}{\text{时间}}$

或 $V = at$ ……………………………… (1)

若上式速度的单位用厘米/秒表示，时间的单位用秒表示，那么加速度的单位就应将速度和时间的单位合在一起表示，写为“厘米/秒^2”，就是表示每秒速度的变化，称为厘米每二次方秒（Centimeters per second per second)。其他如英尺每二次方分钟(Feet per minute per minute)等都可以用来表示加速度的单位。

要求匀加速度运动所经过的距离，可先求t秒内的平均速度。若初秒速度为0，t秒末的终速度为V，那么平均速度就等于$\frac{V+0}{2}$。设S为距离，可得如下公式：

$$S=\left(\frac{V+0}{2}\right)t$$

将公式(1)代入，得：

$$S=\frac{1}{2}at^2 \cdots\cdots (2)$$

若将(1)(2)两式合并，就得：

$$V^2=2aS \cdots\cdots (3)$$

以上这三个式子是由伽利略推出来的，是匀加速度运动的三个重要公式。

力

关于力(Force)，我们在孩童的时候就有了一部分经验，用手拿玩具需要力，用绳牵引东西需要力。由孩童到青年再到老年，可以说无时无刻不需要力。那么，力究竟是什么呢？我们可以说：力是改变物体动静状态的一种作用。例如，车停在地面上是静止的，如果你要让它向前运动，就不得不用力去推它。又如，我们在前面讲过的地心吸引力，也是力的一种。

力与大小、方向和着力点有关，叫作力的三要素。自着力点起，依力的方向划一条直线，叫作作用线(Line of action)。在作用线上，自着力点起，依照力的方向取一根线段的长度，和力的大小成正比，再在线段上加一个箭头，表示力的方向。这样用一根带箭头的线段表示力的要素，叫作力的图示。如图43，O为着力点，OA表示力的方向，线段OA的长度表示力的大小。

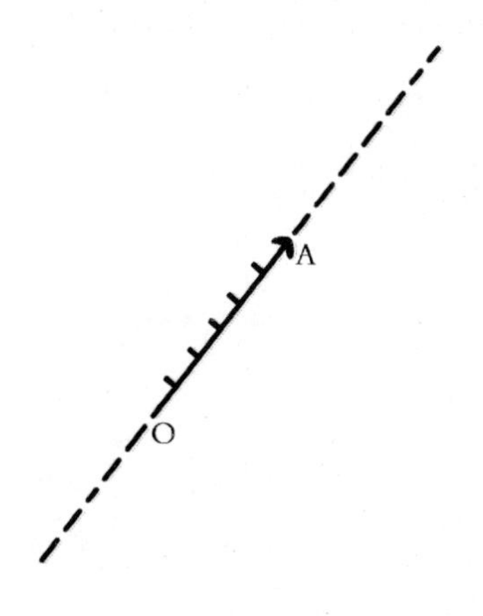

图43 力的图示

既然力是改变物体动静状态的一种作用，那么，我们若是用一定的力连续施加于一个物体上，则无论物体原来的状态是静止或运动，必沿着力的方向得到一定的加速度而行进。从前，牛顿曾根据他的实验得出：物体的加速度和质量的乘积，必和所施加的力成正比，这称为运动定律（Law of motion），也叫作牛顿第二运动定律（Second law of motion）。

设作用于质量1克的物体，使它得到1厘米/秒^{2}的加速度的力，这就是力的单位，叫作达因（Dyne）。因它不受重力的影响，故称为力的绝对单位（Absolute unit of force）。它的大小约和重量1毫克相当。若有F达因的力，作用于质量m克的物体上，使它1厘米/秒^{2}的加速度为a，可得如下公式：

$F = ma$ 力（达因）=质量（克）×加速度（厘米/秒^2）

因 $a = \frac{V}{t}$

代入上式得 $$F=\frac{mV}{t} \quad 或 \quad Ft=mV$$

上式中Ft叫作冲量（Impulse），mV叫作动量（Momentum）。所以，运动定律又可说是，物体的动量的改变和作用的冲量相等。物体的动量改变率愈大，作用的力也愈大。打击和冲突都是在极短的时间内使速度发生很大的改变，所以作用力也很大。

合力和分力

两个或两个以上的力同时施加于同一个物体上，并且着力点相同，这几个力叫作共点力（Concurrent forces）。若用一个单位的力来代表这几个共点力的作用，叫作合力（Resultant of forces）。若二力在一条直线上，方向相同，则合力等于二力的和；若二力在一条直线上，方向相反，则合力等于二力的差，以大的力的方向为方向。例如，船在顺流中前进的速度，就是船在静水中的速度和水流速度的和的合力。又如，船在逆流中前进的速度，就是船在静水中的速度和水流速度的差的合力。

若两个成角度的共点力作用于同一个物体上，这物体就斜向运动。例如，船横过河流，由此岸到彼岸，虽然船想要横渡，但因水流的关系，不得不向下流。这就是因为船受到了两个成角度的力所生成的合力作用。

实验16. 取A、B两个弹簧秤，悬在黑板的两个钉子上，如图44。用一条线连接秤的两个钩子，在线的中点处悬挂已知重量W，则支撑重量W的力，非A、B两秤所表示的力，而是二力的合力。试依三线的位置，在黑板上画三条直线，而取OX、OY和OW三根线段，使它们所含的单位线段数等于A、B所表示的张力和W的重量。再以OX、OY为两边，作一个平行四边形，则对角线OR恰好和OW的长度相等，而方向相反。

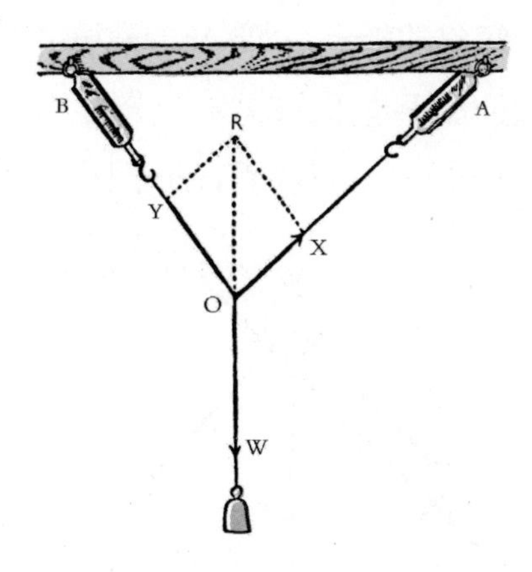

图44 成角度的两力的合力

由上面的实验可知，用图示求成角度的两力的合力的方法。即以二力的代表线为两边，补成一个平行四边形，然后由着力点引对角线，这对角线就表示合力的着力点、大小和方向。如果要求三力的合力，可先求出二力的合力，继而求此合力和第三力的合力。

既然二力可合成一力，反之，一力也就可以分为二力，这称为分力(Component of force)。普通一力作用于物体上，而和物体下面的平面倾斜时，依此平面分为平行和垂直方向的二分力，叫作平行分力和垂直分力。例如，以力F依图45所示的方向作用于在水平轨道上的车W，则使车前进的力即为WM的平行分力。另一部分则为垂直压于车轨的力，即为WN的垂直分力。由图可知，WM和WN都比WF小。

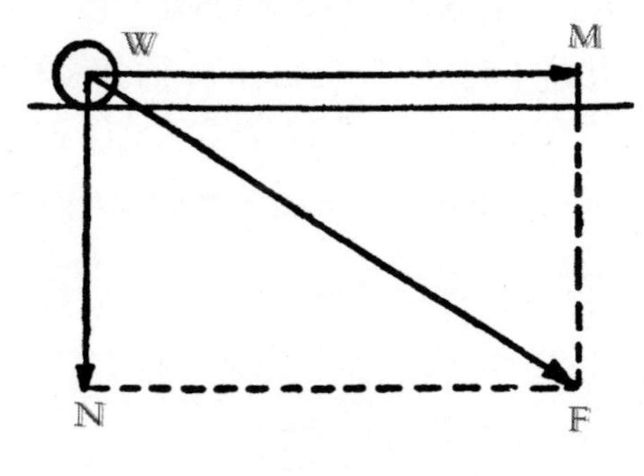

图45 分 力

又如，置物体W于倾斜的板上，如图46。重力G本来要吸引W向地面竖直下落，但因有板的抵抗，于是重力G就被一分为二，一部分使W沿板面向下滑动，就是平行分力WM，一部分使W垂直压于板面，就是垂直分力WN。

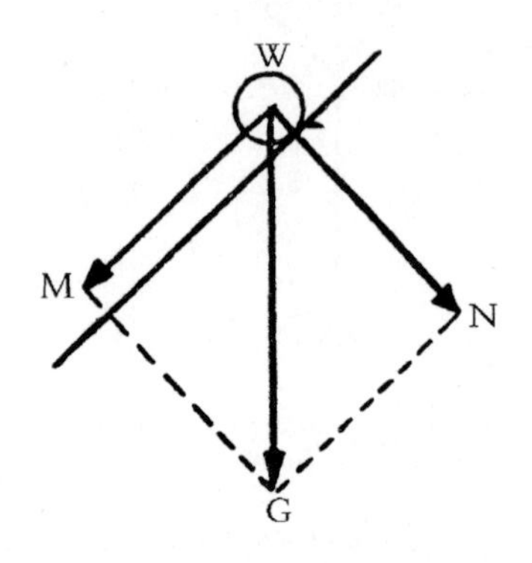

图46 斜面上的分力

力矩和力偶

在一条直线上的二力的合力，我们在前面已讲过。那么，不在一条直线上的二力，而作用线平行的平行力（Parallel forces），它的合力怎样呢？请看下面的实验：

实验17. 用线悬米尺的中点F系于弹簧秤下，在左端距F40厘米的A处悬挂一个100克砝码W_1，在右端距F20厘米的B处悬挂一个200克砝码W_2，则可见米尺平衡，没有发生转动（Rotation），而弹簧秤所示的重量为300克，如图47。

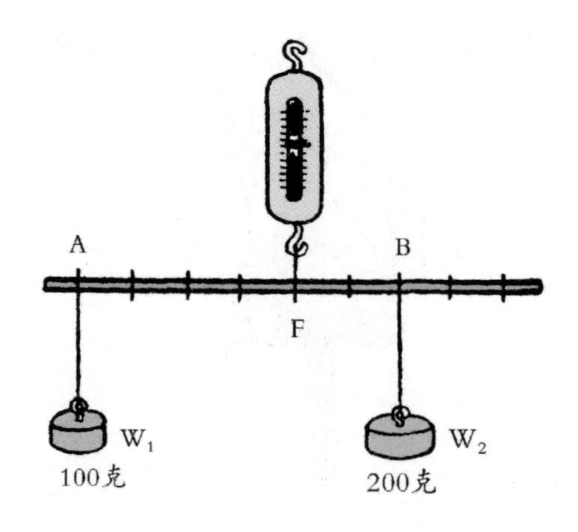

图47 平行力的合力

由上面的实验可知，不在同一条直线上，方向相同的二平行力的合力等于二力的和，方向与二力相同。因 $AF\times W_1=BF\times W_2$ ，即 $AF:BF=W_2:W_1$，所以，合力的着力点与二力作用点的距离，和二力的大小成反比，且在二力作用点A、B的连线上。

若把上面的实验F处改用一个物体支撑，这时米尺一定呈水平状态。由A到F和由B到F的垂直距离叫作力臂（Arm of force），力臂和力的乘积 $AF\times W_1$， $BF\times W_2$，叫作力矩（Moment of force）。所以，当米尺呈水平状态时，二力距必相等，否则必发生转动。

如果不在同一条直线上，方向相反的二平行力相等时，则二力距所产生的作用，使物体向同一方向转动。这样的二平行力，叫作力偶（Couple）。因为它的合力为零，所以不能使物体转动。日常生活中像旋转螺旋钉或用钥匙开锁等，要想使物体转动，必须用两指夹住柄的两端，用力旋转，如图48，就是利用力偶的作用。

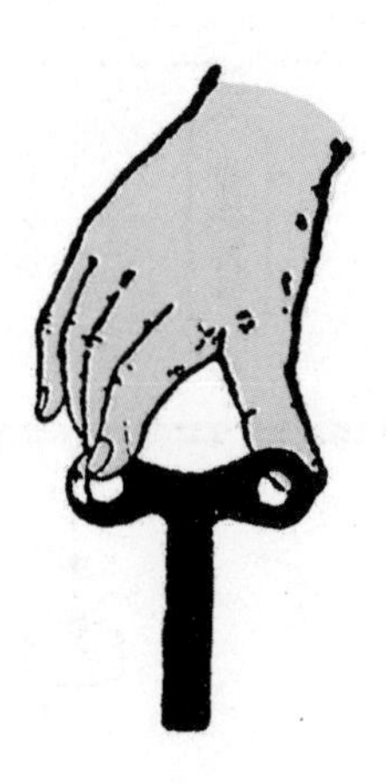

图48 力 偶

飞机为什么能在空中飞行呢?

你用手紧压桌面，同时你就会感到手也受到了桌面向上的托力。又如人在船中用竹篙撑河岸，船就受到河岸的推力向相反的方向而去。由此可见，当甲物体施加力于乙物体上时，同时甲物体也受到了乙物体反向施加的力。这甲物体所施加的力，叫作作用（Action）。乙物体反向施加的力，叫作反作用（Reaction）。从前，牛顿曾由种种实验得出一个反作用定律（Law of reaction）：凡有力作用时，必有大小相等、方向相反的反作用。这定律也叫作牛顿第三运动定律（Third law of motion）。

在日常生活中，反作用原理的应用有很多，例如，步行的人用脚向后用力，得到地面反作用的分力而前进；坐着的人双脚着地，用手按桌面，得到地面和桌面的反作用而起立；鸟的两翼向下鼓动，得到空气的反作用而上飞等，如图49所示。

图49 反作用的利用

轮船在水中的航行，飞机在空中的飞行，也是利用反作用的原理，现在分述于下：

（一）轮船在水中的航行，主要是由于推进器（Propeller）和舵（Rudder）。推进器与竹蜻蜓类似，是用两片或三片金属板装在转动轴上，用发动机使它转动。因板面倾斜，故转动时将水推向后方，由水的反作用的分力使船前进，如图50。水对于推进器产生的反作用为OC，它与轴平行的分力为OA。若OA大于船在水中的重量，船就向前行进。

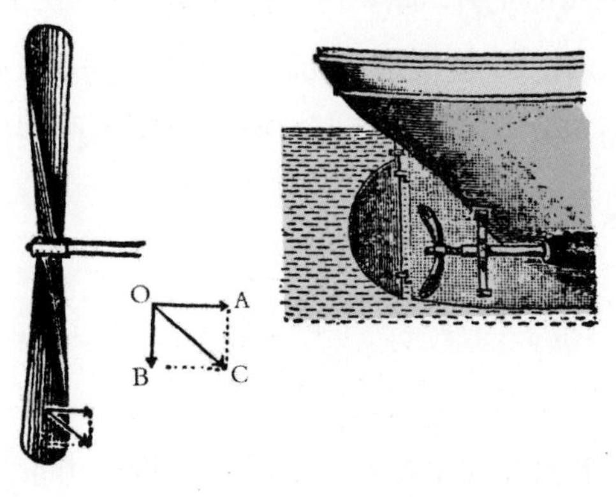

图50 推进器

舵也是利用反作用的原理，以改变船行的方向，如图51。船以F力前进，IO为舵，水流的反作用F'对舵面产生垂直分力OM，和平行分力ON。力OM作用于舵，使船头H依虚线转动。

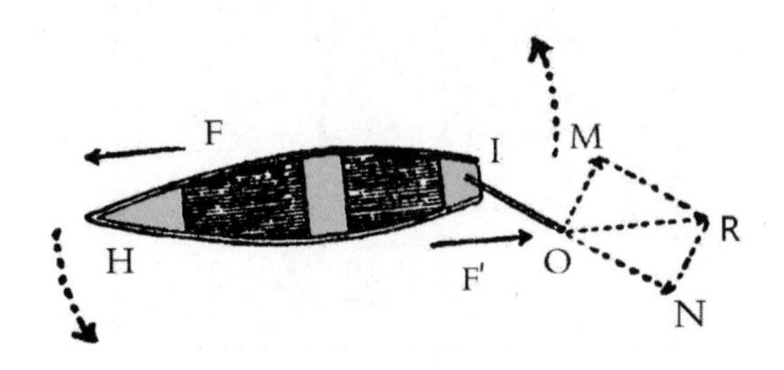

图51 舵的使用

（二）飞机在空中飞行，也是利用推进器推动后方的空气。空气的反作用的分力使机体前进。它所用的舵有两种：一种和机体垂直，掌管机体的回转，叫作方向舵。一种和机体平行，掌管机体的升降，叫作升降舵。

飞机除了上述的推进器和舵之外，还有一种使机体浮于空中的重要装置，就是机翼。翼面下凹上凸，当推进器转动时，机体前进，翼面下的空气受到挤压起反作用，这反作用也有一分力垂直向上。若这分力大于机体的重量，机体就离地上升，而浮于空中。所以，飞机在上升之前，必须先在地面上滑行一段路程，使推进器的转动速度加快，增加机体前进的速度，则作用于翼面下的空气的压力也增加。于是，可得到超过机体重量的反作用分力，而使飞机上升了。

万有引力和重力

从前，英国大物理学家牛顿在园中看见苹果向地面落下，于是就想：苹果离开枝头后，为什么要向地面落下？为什么不向空中飞去？经过很长时间的研究，并根据天文学家观察宇宙内星体的运动的结果，他于是确定物体间有相互吸引的作用，而创立了万有引力定律（Law of universal gravitation）：“宇宙间任何两个物体，在其连接的直线上，互相产生引力作用，其大小和两者的质量的乘积成正比，而和其距离的平方成反比。”宇宙间的一切物体，大如日月地球，小如砂砾尘埃，都有彼此互相吸引的力。例如，两个质量为1克的物体，相距1厘米时，其间作用的引力约等于 $\frac{1}{15000000000}$ 克。

地球上的一切物体都有互相吸引的作用，同时也和地球有互相吸引的作用。但是和地球的质量相比，任何物体的质量简直渺小到不可名状。因此，我们察觉不到各物体间的互相吸引的作用，好像只有地球有引力，而物体只有向地球中心坠落的倾向一样。所以，虽然苹果有吸引地球的力，但地球并不会被苹果吸走，反而是苹果被地球吸向地面了。

地球对于地面上一切物体的引力，通常叫作重力（Gravity）。物体所受的重量，就是物体所受的重力。根据万有引力定律，物体距离地面越远，所受的重力越小，即重量也越轻；物体距离地面越近，所受的重力越大，即重量也越大。所以，由高处落下的物体，因渐近地面，所受的重力渐大，故必产生一定的加速度，这称为重力加速度（Acceleration of gravity）。它的数值约为980厘米/秒^2，通常用g表示。

古时的人认为物体由高处落下，质量大的物体，速度也大；质量小的物体，速度也小。后来，伽利略认为这种说法并不正确，他于1590年在意大利比萨斜塔（Leaning Tower of Pisa）上做了一个公开试验。他将物质及大小不同的球同时落下，结果它们落地的时间几乎相同。即使轻如纸片、平时难以飘扬而下的物体，被搓成小团后，落地的时间也和其他物体一样。于是，他证明无论物体的质量如何，落下的速度都相同。

图52 比萨斜塔

至于物体在空气中落下时有快有慢，这是因为物体的表面大小不一，所受的空气阻力（Resistance）不同。若设法免除空气的阻力，那么各物体下落的快慢（即所得的重力加速度）都是相同的。例如，将鸡毛及铜片分别置于长玻璃管中，抽去管中的空气，急速倒置玻璃管，如图53，可见两物并肩落下，并无快慢之说。

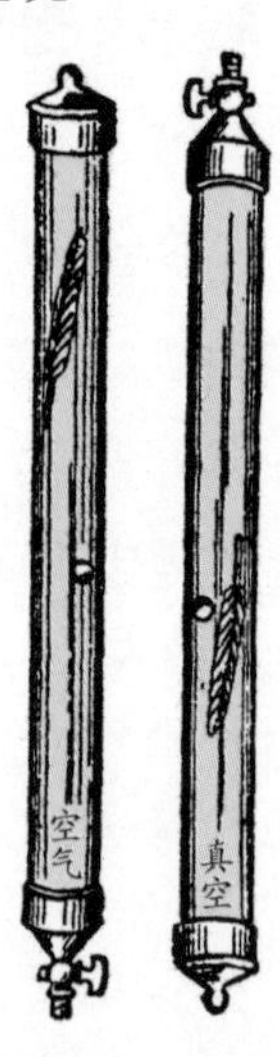

图53 鸡毛与铜片在真空中同时落下

重心和稳度

我们前面已讲过，物体是由物质构成的。若设想这物质含有无数个小质点，则每个小质点必受重力而垂直向着地面，就成为了无数平行力。汇集这无数平行力的合力的着力点，即是重心(Center of gravity)。这合力的大小等于各平行力的和，也就是等于物体的全重力。无论物体的位置如何，因各平行力的方向都相同，所以，它们的合力的着力点也一定不变，也就是物体的重心一定。若用其他物体在这物体的重心处支撑起来，则这个物体的各个部分保持平衡而不倾斜。若支撑点在重心之外，那么这重心因重力关系而发生回转运动，直到重心在支点的下方才平衡。

通常情况下，形状规则的物体，如直棒的重心在棒的中央；三角板的重心是三条中线的交点；正方形的重心是对角线的交点；立方体及球的重心在中心。至于形状不规则的物体，可用实验方法求得，举例如下：

实验18. 将物体的一点A用线吊起，等它静止后，在这物体上作这线的延长线。再将物体的一点D用线吊起，等它静止后，在这物体上作这线的延长线。这两条延长线交于一点，就是所求的重心，如图54。

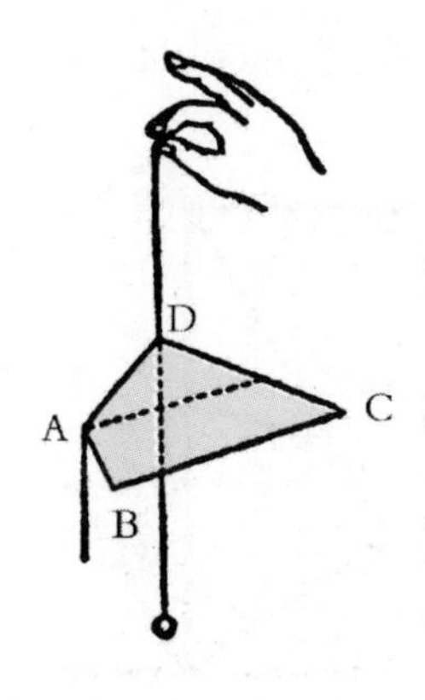

图54 重心的求法

由上面所述的重心的概念，就可推知物体的稳度（Stability）。物体的稳度由重心的位置和底面积的大小而定，可分下列三种：

（一）物体重心的位置低，底面积大，如图55（a）。用手稍推，使它倾斜，重心比之前升高。因底面积大，自重心至地面的垂直线仍在底面内，由重力W的作用，引重心向下。所以，放手后，物体立即恢复原状，这种现象叫作稳定平衡（Stable equilibrium）。

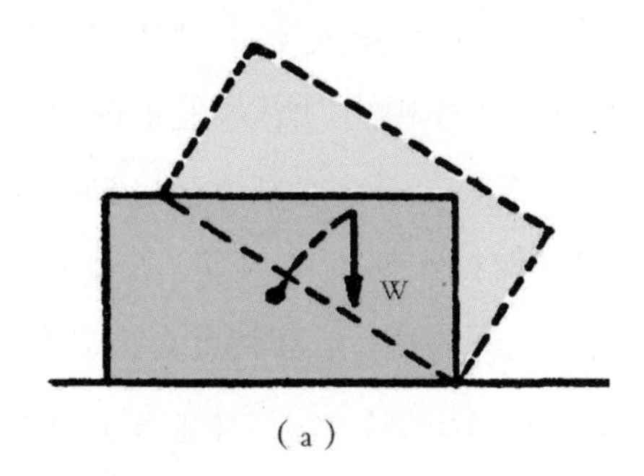

图55（a） 三种平衡

（二）物体重心的位置高，底面积小，如图55（b）。用手稍推，使它倾斜，重心比之前下降。因底面积小，自重心至地面的垂直线超出底面积之外，由重力W的作用，使重心下降。所以，这物体就发生倾倒，不能恢复原状，这种现象叫作不稳定平衡（Unstable equilibrium）。

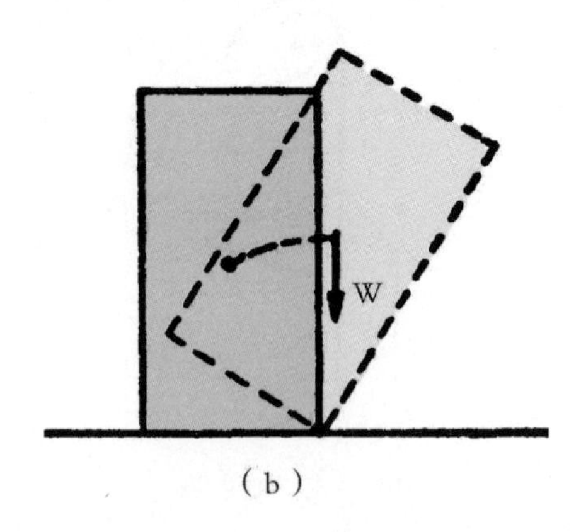

图55（b） 三种平衡

（三）若是一个静止的物体一经发动之后，重心既不升高，也不下降，且由重心至地面的垂直线通过着地点，于是这物体在任意位置都能停住不动，如图55（c），这种现象叫作随遇平衡（Neutral equilibrium）。

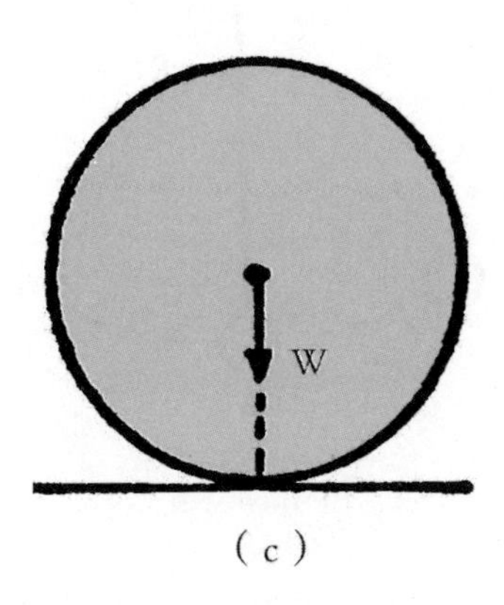

（c）

图55（c） 三种平衡

在日常生活中，对于稳度的应用有很多。例如，背负重物的人必须将重心稳定好，以免跌倒；上山时，人的身体必须向前倾。下山时，身体必须向后仰；老人因驼背而拄拐杖，以及玩具中的不倒翁等。

摆和离心力

将一条很细的线上端固定，下端悬一个小球或其他小重物，这种装置叫作单摆（Simple pendulum），如图56。细线的长叫作摆长（Length of pendulum）。小球或小重物叫作摆锤（Pendulum bob）。设静止时摆锤的位置为A，将它移动到B，放手后，因摆锤受重力的作用，有回到原位置的倾向。等到摆锤由B回至A后，因为有一定的速度，在惯性的作用下，无法静止，仍继续运动。但此时重力的作用又妨碍它继续运动，于是速度渐减，等到了和B同高的位置C后才静止，再依反方向运动。若是这地方没有一丝摩擦，也没有空气阻力，那么这个物体会持续不断地在圆弧CAB上来来往往。但实际上因为摩擦和空气阻力，到后来归于静止。

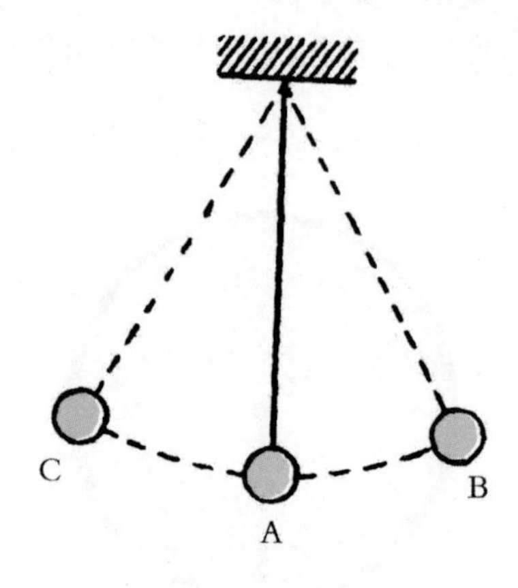

图56 单 摆

摆的运动是一种沿一定路径的反复运动，叫作振动（Oscillation）。摆锤往返一次的时间，叫作周期（Period）。AB弧或AC弧的长，叫作振幅（Amplitude）。

从前，伽利略在比萨教堂中看到吊灯的摆动，经过种种实验得到一个结论："当振幅不大时，振动周期和振幅的大小、物质的种类、物质的多少毫无关系，而和摆长的平方根成正比。即摆长越大，周期越长；摆长越短，周期越短。"这叫作摆的定律（Law of pendulum）。

惯性定律上说：一切物体若不受外力的作用，静止的永远静止，运动的永远沿着一条直线的方向运动。那么，当物体运动时，如果不按照一条直线行进，则必有其他力在作用着，使它离开这条直线。例如，将一个石子斜向抛出，它的运动就受到两种力的作用：（一）抛出时所施加的力，使它向抛出的方向作等速直线运动；（二）重力作用，牵引它垂直向下，而成抛物运动（Projectile motion）。如图57，OB表示石子抛出的方向及初速度，BC为水平分速度，BD为垂直分速度。如果空气阻力忽略不计，则水平分速度的大小不变。所以，在水平方向，物体将作匀速运动前进。而垂直分速度因受重力加速度的影响，使石子不断向下坠落。又如，用绳子系住石子，拿着绳子的一端旋转运动，则此石子也受到两种力的作用：（一）惯性作用，使石子直线行进；（二）绳的拉力，于是此石子即回转而成圆周运动（Circular motion）。此时如果将绳子剪断，拉力消失，石子必沿圆周的切线方向作等速直线运动。当拿着绳子旋转时，这只手同时感到了石子有向外的拉力，这叫作离心力（Centrifugal force）。绳的拉力叫作向心力（Centripetal force）。在日常生活中，因向心力及惯性作用产生的现象有很多，如在泥地里转动的车轮，泥水沿着轮周的切线飞溅，这就是因为泥水附着于轮上的力，不及所需的向心力，于是在惯性的作用下，泥水即沿切线飞溅。又如地球绕着太阳运转，月亮绕着地球运转，都是离心力和向心力的现象。

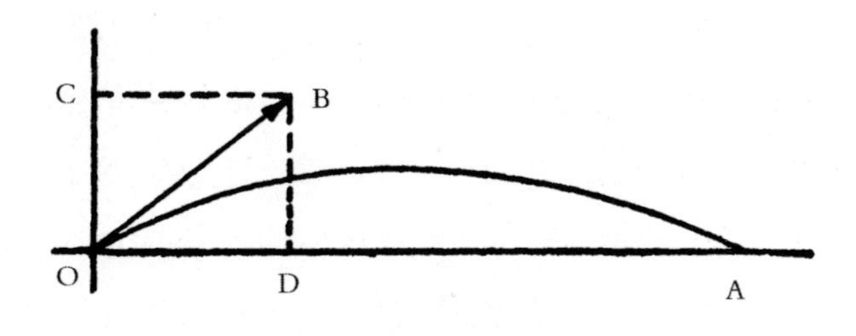

图57 抛体运动

功和能

人搬物，牛马拉车，我们就说人和牛马在做功（Work）。但是当人搬物而物没有动，牛马拉车而车没有动的时候，这就没有做功。所以，功的定义是作用于某物的力能胜过这物体的抵抗力，而使这物体依所作用的力的方向运动。如果物体不动，不管费了多大力气，甚至筋疲力尽，都不能称为做功。功的大小与力的大小和位移的大小有关，与时间的长短无关。设W表示功的大小（其单位为焦耳，简称焦，用字母J表示），F表示力的大小，S表示位移的大小，可得如下公式：

$$W = F \times S$$

功的单位种类非常多，常根据所作用的力和物体移动的距离的单位而定。如作用的力为1磅，物体的移动距离为1尺，它的单位就是尺磅；若以1达因的力作用于物体上，使它移动1厘米的距离，它的单位就是达因厘米，或叫作尔格（Erg）。因尔格太小，通常拿尔格的一千万倍（10^7）作为一个新单位，叫作1焦耳（Joule）。

功的大小与时间的长短无关，在上面已经说过。例如，一个人数日做完的功，若利用机械仅需数小时就可以完成，那么这个人所做的功和机械所做的功相等。虽然两者所做的功相等，但做功的快慢显然不同。这做功的快慢或在单位时间内所做的功，叫作功率（Power）。功率的单位是由英国人瓦特（Watt）首先提出来的，以一匹马每分钟可做33000尺磅的功，或每秒钟可做550尺磅的功，于是将这个数值定为功率的单位，叫作1马力（Horse power），用H.P.表示。近代机械的功率单位，实际上常用瓦特（Watt）表示，简写“瓦”。1瓦就是每秒做1焦耳的功。1000瓦叫作千瓦（Kilowatt），简写“KW”。

凡能显示做功的物体，就称这物体附有能（Energy）。物体因运动而产生的能，如射出的子弹所具有的能，叫作动能（Kinetic energy）。物体因位置而产生的能，如瀑布、弹簧所具有的能，叫作位能（Potential energy）。位能和动能总称为机械能（Mechanical energy）。

能可以由一种形状变成另一种形状，如将物体举高做功，这物体即有位能。撒手后，物体从高处落下时，位能就变为动能。当物体到达地面后，位能完全变为动能，和地面碰撞后动能又变为热能。所以，无论能如何变换都不会消灭，也不会生长，这叫作能量守恒定律（Law of conservation of energy）。

三种杠杆

人力有限，光阴飞逝。如果我们用有限的力去搬运笨重的物体，或在短时间内完成某项工作，就不得不利用机械（Machine）。机械是传递功与能的装置，种类极多，构造也极复杂，但它的主要部分是由杠杆（Lever）、滑轮（Pulley）、轮轴（Wheel and axle）、斜面（Inclined plane）、螺旋（Screw）和楔子（Wedge）六种简单机械构成。

根据以上所说，只要利用机械，就能省不少力。1 不过这省力的多少，常因机械的使用情形和种类而不同。在物理学上，以机械所产生的抵抗力（Resistance）与所施的作用力（Effort）的比值，叫作机械利益（Mechanical advantage），如下式：

$$\text{机械利益} = \frac{\text{抵抗力}}{\text{作用力}}$$

杠杆是上述一种简单的机械，在日常生活中，常常可以见到。如测量物体重量的秤、儿童玩的跷跷板，以及日常用的剪刀、钳子等。杠杆是一根于一个固定点而能自由回转的直棒或曲棒，这固定点叫作支点（Fulcrum）。如图58，AB为杠杆，F为支点。将重物Q悬挂于一端B，向另一端A施加力，则可将Q举起，这P就是作用力或主力（Power or Effort）。Q就是抵抗力或阻力（Resistance or Weight）。P作用于杠杆的A点，叫作动力作用点。Q作用于杠杆的B点，叫作阻力作用点。从支点到动力作用线AF的垂直距离叫作动力臂；从支点到阻力作用线BF的垂直距离叫作阻力臂。由力距的原理可知，$P \cdot AF$ 应与 $Q \cdot BF$ 相等，才能使杠杆平衡。

即 $P \cdot AF = Q \cdot BF$

1.有的人需要省距离，那就要费力。

或　　$Q:P = AF:BF$

换句话说，就是阻力和动力的比，等于阻力臂和动力臂的反比，这叫作杠杆原理。

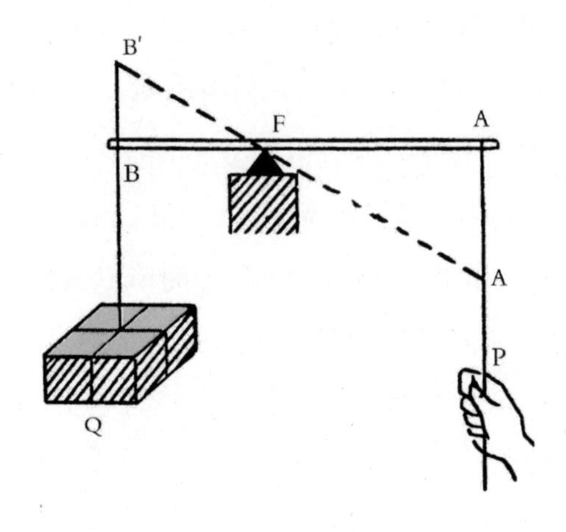

图58 杠 杆

杠杆常依它的支点、动力作用点及阻力作用点的位置，分为三种，分述如下：

(一) 第一种杠杆，支点在动力作用点和阻力作用点之间，如杆秤、天平、剪刀、钳子等。这种杠杆的机械利益，或大于1，或小于1，由动力臂和阻力臂的长度而定。如果动力臂大于阻力臂，那么它的机械利益大于1；如果动力臂小于阻力臂，那么它的机械利益小于1，如图59。

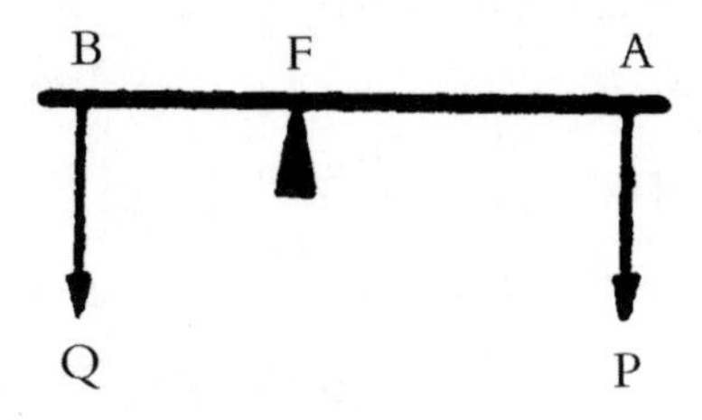

图59 第一种杠杆

（二）第二种杠杆，阻力作用点在支点和动力作用点之间，如铡草刀、破壳钳、独轮车、门、窗等。因为这种杠杆的动力臂常大于阻力臂，所以它的机械利益大于1，如图60。

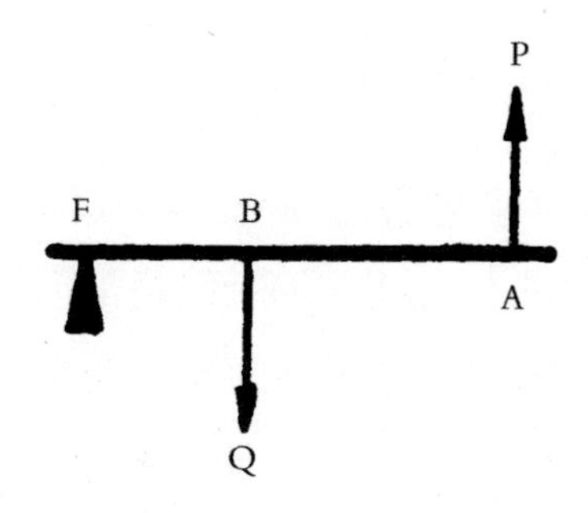

图60 第二种杠杆

（三）第三种杠杆，动力作用点在支点和阻力作用点之间，如火箸、眉毛钳等。因为这种杠杆的阻力臂常大于动力臂，所以它的的机械利益小于1，如图61。

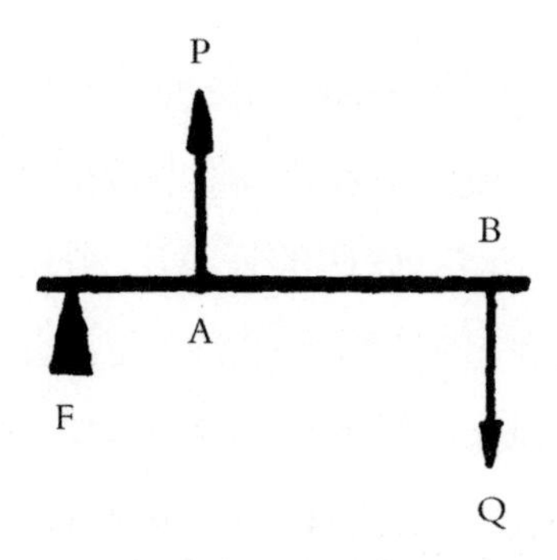

图61 第三种杠杆

从以上三种杠杆的机械利益可以推知：（1）机械利益为1，则既没有省力，也没有省时间，只得到了改变方向的便利；（2）机械利益大于1，则省力而费时间；(3) 机械利益小于1，则费力而省时间。所以机械的应用不外乎省力或省时间。

摩擦

从前，有许多科学家想根据牛顿第一运动定律发明一个永动机(Perpetual motion machine)，但是常因受到一种运动的阻力(Resistances)没有成功。这运动的阻力就是重力、空气阻力(Air resistance)和摩擦力(Friction)。重力和空气阻力在前面已约略讲过，如抛物运动、空气的反作用等。现在将摩擦的成因、类别和它对于机械的利益，分述于后：

摩擦就是一个物体沿着其他物体的表面运动时，所受到的一种阻力，它的方向恰和运动的力的方向相反，可分为滑动摩擦(Sliding friction)和滚动摩擦(Rolling friction)两种。

(一) 滑动摩擦

一个物体在其他物体的表面上滑动时所产生的摩擦力，叫作滑动摩擦。例如，在水平面上放一个木块A，如图62，过滑轮C系一条线与木块A连接，线的一端悬一个盛有砝码的托盘B。刚开始时A和平面因摩擦作用，并不移动。等托盘B中的砝码增加到一定重量，超过A和平面的最大摩擦力(Maximum frictional force)后，木块A才开始移动。又如将A沿着虚线分为两块重叠起来，则使A移动的砝码的重量仍相同。若在A上添加重物，则砝码的重量也需要增加，才能使A移动。由此可知，摩擦力的方向和物体运动的力的方向相反；摩擦力的大小，随作用力的大小而定，和物体的接触面的大小无关。

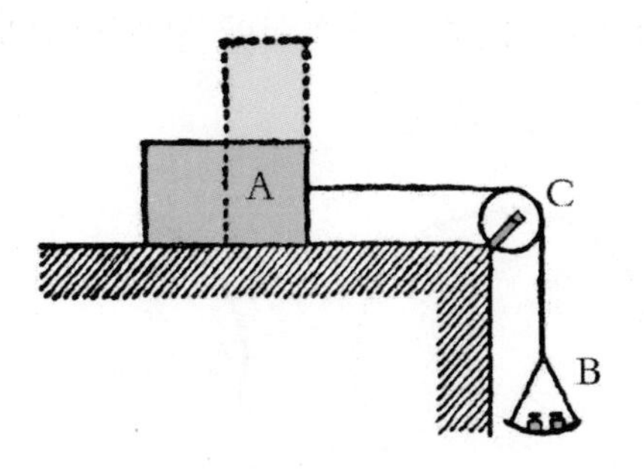

图62 最大摩擦力

两个物体的接触面看似平滑，但还是有些凹凸不平的地方。这些凹凸不平的地方互相错合，拉动它的时候，就会有阻力产生，于是就产生了滑动摩擦。所以，物体的接触面越粗糙，摩擦力越大；反之，物体的接触面越光滑，摩擦力越小。在冰上推动石块较易，在路上推动石块较难，就是由于路面粗糙的缘故。

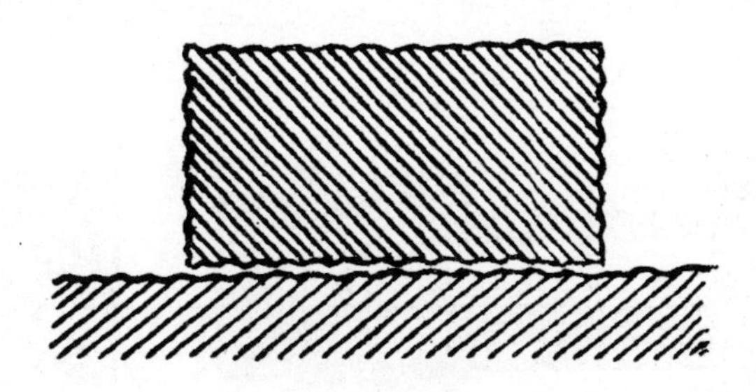

图63 滑动摩擦的成因

（二）滚动摩擦

一个物体在其他物体的表面上滚动时所产生的摩擦力，叫作滚动摩擦。滚动摩擦力常比滑动摩擦力小。例如，在地面上不能拖动的物体，若放在有轮的底盘上拖拉，就容易滚动，就是因为滚动摩擦力比滑动摩擦力小的缘故。滚动摩擦的成因和滑动摩擦完全不同。试将重轮置于橡皮面上，当静止的时候，可见轮下的橡皮面略呈凹陷，而前后则略高，如图64

(a)。当轮向右滚动时，轮前的橡皮面就特别高出，如图64（b），阻碍轮的前进，于是就产生了滚动摩擦。

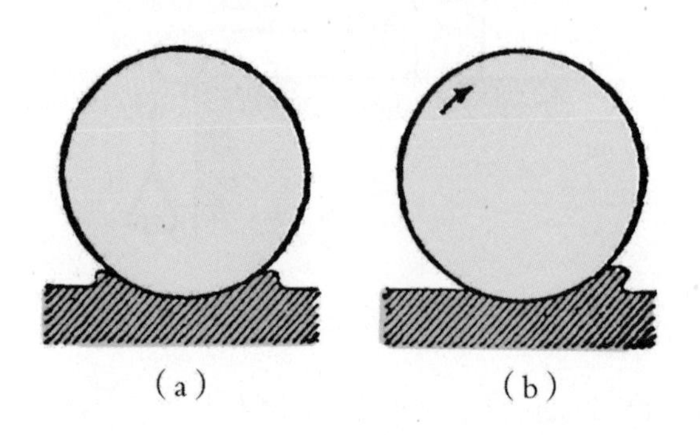

图64 滚动摩擦的成因

由上述可知，如果车轮和接触面的物质都极坚硬且为刚体（Rigid body），这滚动摩擦可至极小。所以，机器及自由车的球轴承（Ball bearing），即将小球加入轴与轴承之间，使球随轴滚动，以减少摩擦力。如图65所示。

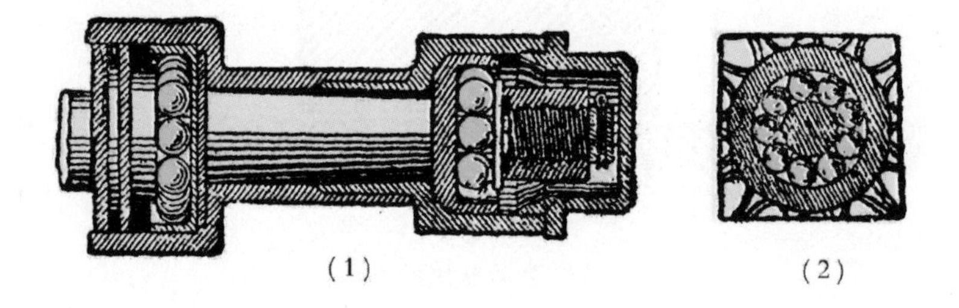

图65 球轴承

摩擦对于我们的生活有极大的影响，就有害的一方面来说：摩擦可使运动的物体停止，减少我们做功的效率，又可使一切机械的机械效率（Mechanical efficiency）降低。所以，机械常用各种润滑剂（Lubricant），如油脂等减少摩擦。就有利的一方面来说：如果没有摩擦，我们的一切生活都变得不可能，手拿笔而笔会滑落；脚在地上走，因不能发生反作用而不会前进；虽然汽车、火车的车轮在地上快速转动，却不能行进。所以，汽车的轮胎上刻有凸出的花纹，赛跑的人的跑鞋底上有钉等，都是使摩擦力增大的一种作用。

滑轮和轮轴

滑轮（Pulley）为四周凿有小槽的坚硬圆形小轮，中心贯穿一个轴，轮可依轴自由转动，是一种变形的杠杆，有动力作用点、阻力作用点和支点。滑轮有定滑轮（Fixed pulley）和动滑轮（Movable pulley）两种。此外，又有两种滑轮组合成的滑轮组（Block and tackle）或复滑轮（Combination of pulleys），分述于后：

（一）定滑轮

定滑轮装在固定的位置，不能移动，如图66。普通船帆、升旗等所用的滑轮都是定滑轮。它和第一种杠杆相似，轴是支点，动力作用点和阻力作用点都在轮周上。因轮的半径相等，所以动力臂和阻力臂也相等，而机械利益为1，即$P=Q$。故利用定滑轮并不能省力和时间，只能改变方向。

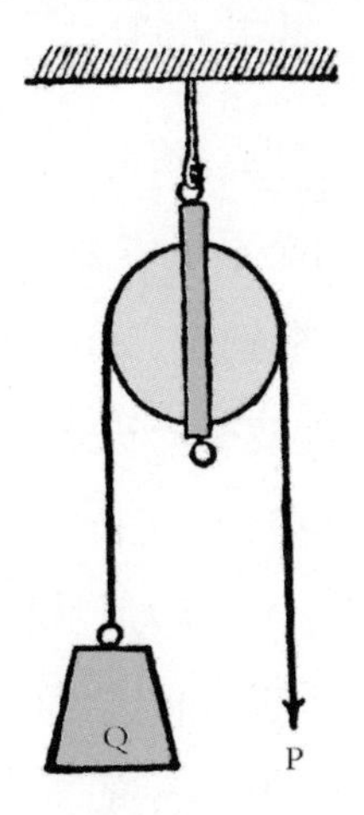

图66 定滑轮

（二）动滑轮

动滑轮装在所拉的物体上，可随物体而上下，轮上的绳子一端固定在一定位置。如图67，重物Q悬挂于轮下面的钩上，动力作用点和支点在阻力作用点Q的两边。它和第二种杠杆相似，因阻力作用点Q在动力作用点和支点的中间，所以它的重量就分配在绳的两端，于是 $P=\frac{1}{2}Q$ ，即机械利益为2。故利用动滑轮可省一半力，而方向不变。

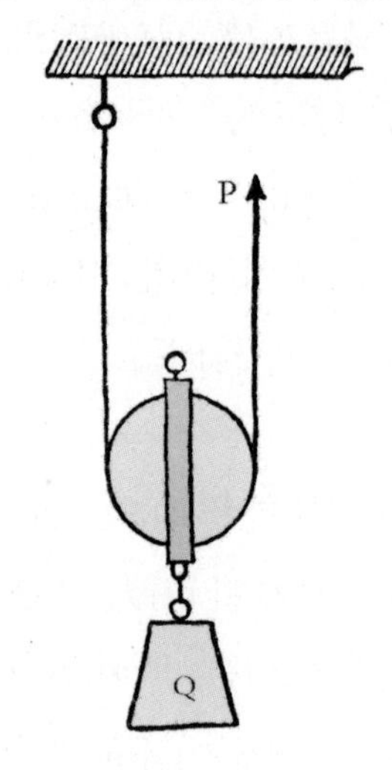

图67 动滑轮

（三）滑轮组

单用定滑轮只能改变方向而不能省力，单用动滑轮又只能省力而不能改变方向。所以，在应用时常把定、动两种滑轮组合成滑轮组，如图68。(1) 为用大小不等的滑轮顺装在一长条上；(2) 为若干个大小相同的滑轮连在一个横轮上，分为两组，一组固定在上方，一组则依次置于绳上。绳的一端固定，从另一端向P点施力，重物Q悬挂于下组的钩上，随绳上下。因Q的重量完全平均支配在各绳上，而绳的条数恰好等于滑轮的个数，故作用力P所受的重量，只等于一条绳上的重量。

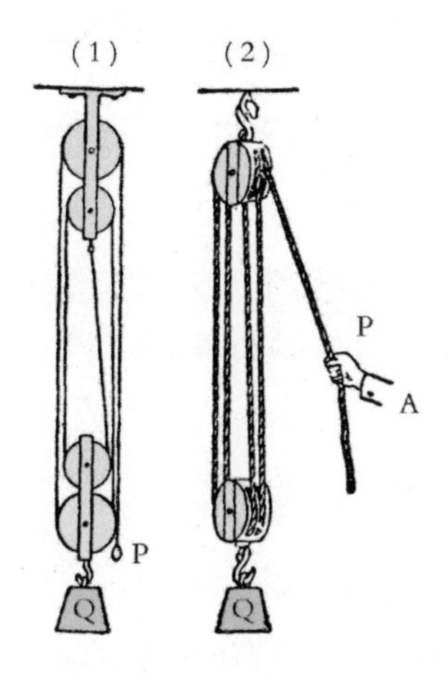

图68 滑轮组

设n为滑轮组上分支的绳数，则可得下式：

$$P=\frac{1}{n}Q$$

故滑轮组中的滑轮数越多，则它的机械利益越大。

轮轴（Wheel and axle）也和杠杆同理，其构造为一个大滑轮连于轴上，如图69。轮边和轴各绕以绳，而方向相反。轴上悬挂重物Q，向轮上的绳施加力，则可将重物提起。

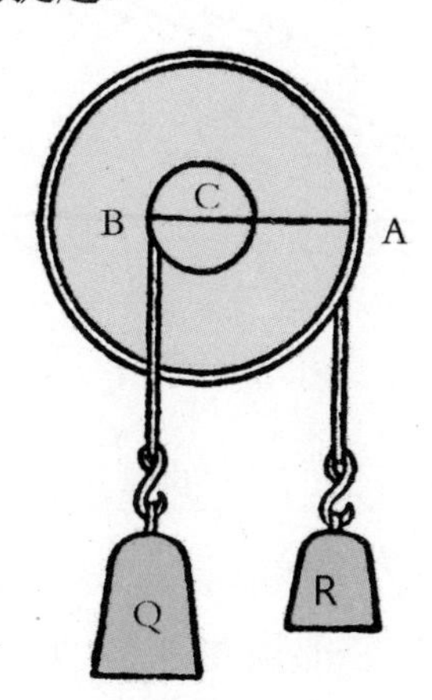

图69 轮 轴

设轮的半径AC为R，轴的半径BC为r，则R为动力臂，r为阻力臂，所以

$P\times R=Q\times r$

或　　机械利益=$\frac{Q}{P}=\frac{R}{r}$

即轴提上的重量或作用力的比，等于它们半径的反比。故轮越大则越省力。井上的绞盘车（Windlass）即利用此原理，是一种变形的轮轴。

斜面和螺旋

和水平面成倾斜角度的平面叫作斜面（Inclined plane）。如图70，I为斜面的长，h为斜面的高，用P力将Q重的物体由A拖到B，它所做的功为$P\times l$，但同时物体的位置升高h，克服重力所做的功为$Q\times h$。故

P×l=Q×h

或　　$\frac{Q}{P}=\frac{l}{h}$=机械利益

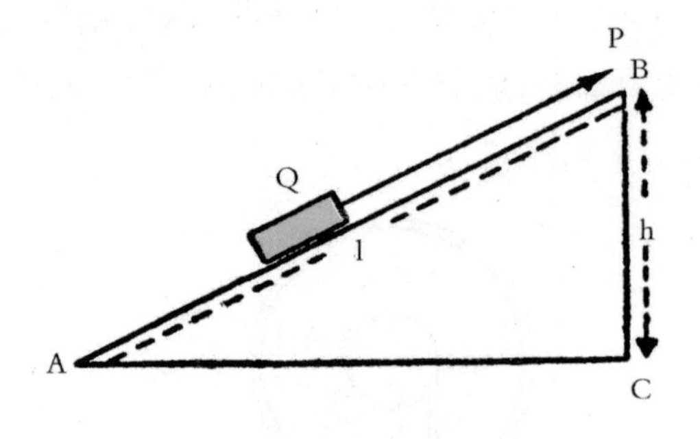

图70 斜 面

所以，斜面越长，则越省力。高大的建筑物的楼梯多为盘旋形，就是要增加斜面的长度，以求省力的缘故。

楔子由两个斜面组成，它的顶角越小，则机械利益越大，如斧、刀等。其他如针钉等也和楔子的作用相似。

图71 楔 子

螺旋(Screw)是由斜面和杠杆连合而成。如果用直三角形的纸绕在铅笔上，则笔的周围就成螺纹曲线，如图72(1)。若沿这曲线有凸起条纹，就是外螺纹(Male crew)，如图72(2)。又若在圆孔中凿成螺形条纹，恰能嵌合外螺纹的，叫作内螺纹(Female crew)。其相邻两线的距离，如图72中的S或AB，叫作螺距(Pitch)。设动力P推行螺旋的臂转一圈，则阻力经过一螺距s。若l为臂长，则 $P\times 2\pi l=Q\times s$

或　　机械利益=$\frac{Q}{P}=\frac{2\pi l}{s}$

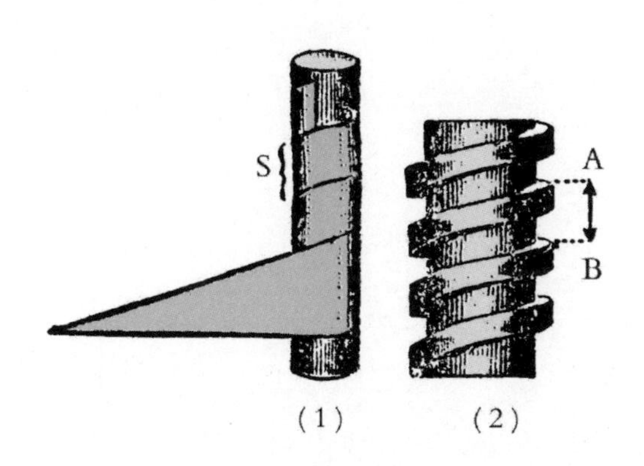

图72 螺 旋

所以，螺旋的机械利益很大。但实际上因摩擦力的关系，常不能得到理论上的数值。

Chapter 5

热的来源

世界上的一切生物都需要热（Heat）来维持生命，而且还可以利用热做很多事情，如烹煮食物、锻造金属、发动机器等。所以，热是人类文明的本源。那么，热是什么呢？恐怕有很多人虽能利用热而仍不能回答这个问题吧。

我们已经知道寻常物体的分子总是在不停地运动着。如果分子运动剧烈，那么分子的能就增加，也就是热增加。例如，在用铁锤敲打铁的过程中，被铁锤敲打的部分的分子运动格外剧烈，就会发热，或者冒火星。又如两物体相互摩擦，摩擦部分的分子运动剧烈，也会发热。所以，热是分子运动所产生的现象，是分子的动能，并不脱离物体而单独存在，也不是物质。

热的来源最主要的是太阳。太阳把热不断地输送到地球上，不仅一切生物的生命依赖它得以延续，而且许多物体在无形中吸收了太阳的热，经过若干时间，又可供人们使用。其次，热也可由人工产生，例如（一）燃烧（Combustion）生热；（二）摩擦、碰撞（Collision）或压缩（Compression）生热；（三）由电流（Electric current）而生热。

热是如何传递的？

手持铁棒，将棒的一端伸入火炉中，不久持铁棒的手的一端就会感觉到热。这是因为铁棒将热从炉中的一端慢慢传了过来。热可由一个物体传到另一个物体，也可由一个地方传到另一个地方，这叫作热的传递（Transmission of heat）。传递的方法，通常分为传导（Conduction）、对流（Convection）和辐射（Radiation）三种。

（一）传导

像上面所说的铁棒传热，是热从高热的地方，经过物质的各部分逐渐传到低热的地方，这就是热的传导。各种物质的热的传导常有快慢的不同，也就是有难有易。这种传导的难易程度，叫作传导率（Conductivity）。通常称传导率大的物质为导体（Conductor），传导率小的物质为非导体（Nonconductor）。设最易传导的传导率为1000，则几种普通物质的传导率可列表比较于下：

银	1000	锌	190	铂	84	软木塞	0.7
铜	736	锡	145	玻 璃	20	空 气	0.5
金	532	铁	119	铋	18	酒 精	0.4
铝	310	钢	116	水 银	15	氢 气	0.29
黄 铜	231	铅	85	水	11	二氧化碳	0.03

由上表可知，金属的传导率最大，容易传热，尤以银为最良的导体；液体不易传热；气体更难。故液体、气体为非导体。羊毛、棉花等织物中有很多空隙，内含空气，不易传热，故可制为衣服，保持人体的热不外散。

实验19. 如图73，在酒精喷灯上放一张铜丝网，用火柴在网上点燃，则火焰在网上。如果在网下点燃，则火焰又在网下。

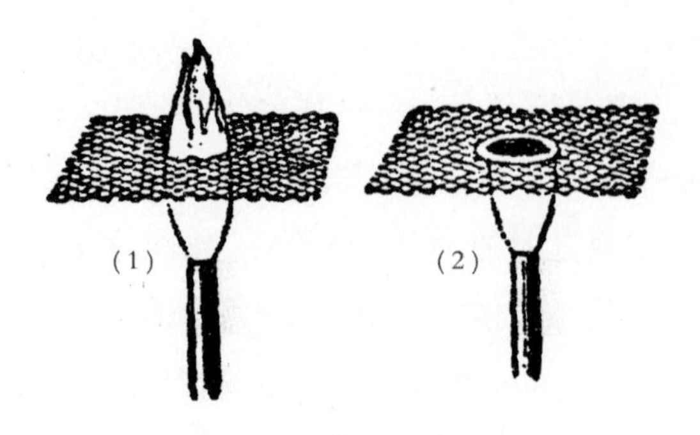

图73 铜丝网的传热

这是因为铜丝网很容易将火焰的热传递，使网的一侧的酒精气体不能达到燃烧的程度，故有此现象。矿中的安全灯(Safety lamp)就是在灯的周围包以铜丝网，使它在遇到可燃气体时，仅在网内燃烧，而不使网外着火，以免发生爆炸。这是热的传导的利用。

（二）对流

我们已经知道纯水（H_2O）是绝缘体，然而在纯水的下部用酒精灯加热，不久纯水就热了，终至沸腾(Ebullition)。

实验20. 如图74，在圆底烧瓶中盛一半水，往水中加木屑，然后给瓶底加热，则可见水中的木屑在近火焰处上升，而沿瓶侧下降，如此循环不已。

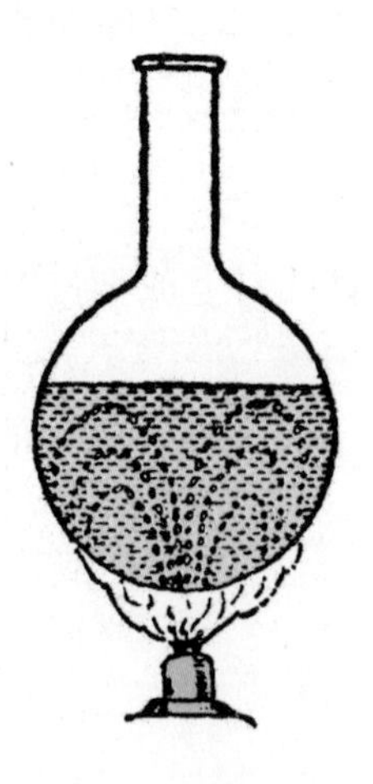

图74 水的对流

这是因为近火焰的水受热膨胀，密度减小，轻而上浮。上部较冷的水，密度较大，因而下降。如此循环升降，终至全部水所受的热相同，而至沸腾。这种由物质本身的循环而把热传到全部的现象，叫作对流。不仅液体有对流作用，气体也有对流作用。冰箱、房屋的通风口等都是利用对流作用。又如信风（Trade wind）也是因赤道受太阳的热较多，故近地面的空气因热上升，由温带较冷的空气流来补充，再受地球自转的影响而形成的。

（三）辐射

我们坐在火炉前就能感受到火炉的热，但空气为非导体，这热的传递当然不是由空气的传导。又由于热空气因热上升，火炉四周的空气向炉中飘去，所以又不是空气的对流作用。又如太阳和地球之间，除地球表面附有空气外，中间完全是真空的。这太阳的热传到地球上，当然也不是由于传导或对流。这种热不依物质为媒介，而由热源直射而来的现象，就是辐射。

既然辐射不以物质为媒介，那么它在空间中传递时，一定不是热能。因为热能是分子的剧烈运动，并不能脱离物质而存在。这种在空间中传递的能，叫作辐射能（Radiant energy）。一般科学家认为，在空间中有一种毫无重量、富有弹性、弥漫宇宙的能媒，也称为“以太”（Ether）存在着。当温度高的物体（即热源）的分子剧烈运动时，影响到四周的能媒，使它波动，这波动到达其他物体后，促使这物体的分子剧烈运动，再表现为热。这能媒的波动能就是辐射能，也就是辐射的成因。

宇宙间的一切物体常常不断地发散辐射能，同时也吸收由其他物体所发散的辐射能。所以，放在日光下的物体，温度渐高；离开日光，温度渐低。据实验可知，凡黑色物体、深色物体或粗糙面物体，都容易吸收辐射能。而浅色物体或表面光滑的物体比较难于吸收辐射能，尤以白色为甚。所以，冬季衣服宜深，夏季衣服宜浅。

辐射能的性质与光的性质相同，依直线的方向行进。辐射能的速度很快，每秒钟可达30万千米，并能产生反射、折射等现象（见后第七章）。又可透过物体而不被吸收，例如，日光经过空气或玻璃，而空气、玻璃并不生热。

我们日常所用的热水瓶，是避免热传递的一种制品，为一个双层玻璃瓶，如图75，壁间空隙抽成真空，以防空气的对流作用。空隙的两面涂成银光，以避免辐射作用。若瓶内盛热水，则内部的热不会传出；若瓶内盛冰块，则外面的热也不易传入。不管热水瓶里盛热水还是盛冰块均可保持原来的温度达数十个小时之久。

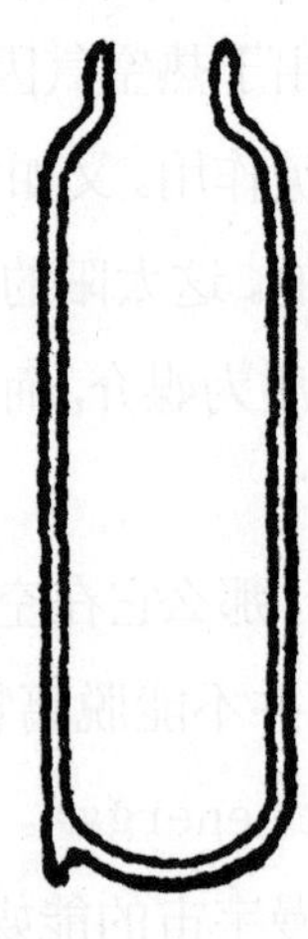

图75 热水瓶

温度和温度计

用手触摸物体，就会感觉到物体有冷暖，这冷暖的程度叫作温度（Temperature）。通常利用我们的感觉就可以识别物体的温度，例如，用手触摸某物，感觉暖时，就说这个物体的温度高；感觉冷时，就说这个物体的温度低。但是有时这种直觉会发生错误，如深井内的水，温度本来没有发生变化，但是我们常感觉到它冬季是温暖的，夏季是寒冷的。又如把手先浸泡在热水中，再放入温水中，就会觉得这温水寒冷；若把手先浸泡在冰水中，再放入温水中，就又会觉得这温水热了。所以，要想测知准确的温度，就必须利用温度计（Thermometer）。

温度计俗名寒暑表，种类很多。通常所用的是水银温度计（Mercury thermometer）和酒精温度计（Alcohol thermometer）。温度计的一端有球状或圆柱状的细玻璃管，上下直线须均一，内盛水银或着色酒精。将下端加热，使液体膨胀，待空气逐出后，密封玻璃管口，就成为温度计。如图76（1），将玻璃管置于一标准大气压融化的碎冰中，等管中的水银或酒精下降到一定点处，刻为冰点（Ice point），记以“0”；再如图76（2），将玻璃管置于一个标准大气压的蒸汽中，等管中的水银或酒精上升到一定点处，刻为沸点（Boiling point）。在冰点、沸点之间刻100等分，每格称为一度（Degree），记为1°。这种温度计的刻度法是瑞典人摄氏（Celsius）所发明，所以叫作摄氏温度计（Celsius thermometer），或百分温度计（Centigrade thermometer），用C表示，是科学上通用的温度计。

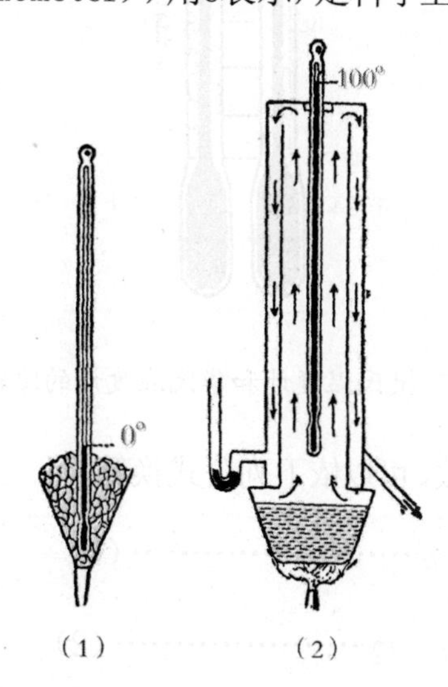

图76 温度计定冰点、沸点法

又有德国人华氏（Fahrenheit），以水的冰点作为32度，沸点作为212度，冰点、沸点间刻作180度，这叫作华氏温度计（Fahrenheit thermometer），用F表示，通用于英、美等国。

温度计的刻度法，除摄氏、华氏外，还有一种列氏（Reaumur）法，以水的冰点为0度，沸点为80度，冰点、沸点间刻作80度，这叫作列氏温度计（Reaumur thermometer），用R表示。

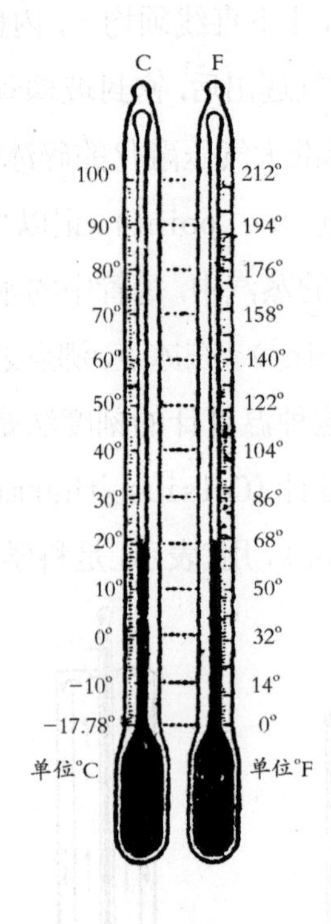

图77 摄氏温度计和华氏温度计的比较

三种温度计的度数，可以依下列公式换算：

$$C=\frac{5}{9}(F-32)=\frac{5}{4}R \cdots\cdots\cdots\cdots (1)$$

$$F=\frac{9}{5}C+32=\frac{9}{4}R+32 \cdots\cdots\cdots\cdots (2)$$

$$R=\frac{4}{5}C=\frac{4}{9}(F-32)\cdots\cdots\cdots\cdots\cdots\cdots(3)$$

医生所用的体温计（Clinical thermometer），如图78，A处管径特别狭窄，且有些许弯曲。故水银升高后，再遇冷时，水银柱就在A处截断，升高的水银仍在原处保持不动，如此便可测量当时的温度。

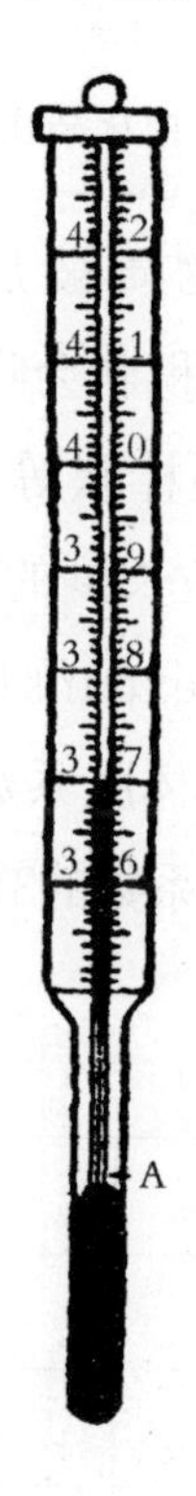

图78 体温计

膨 胀

实验21. 如图79，一个铜球在平常温度下恰能从铜环中穿过。若将铜球加热，则不能穿过；待其冷却后，则又能穿过。

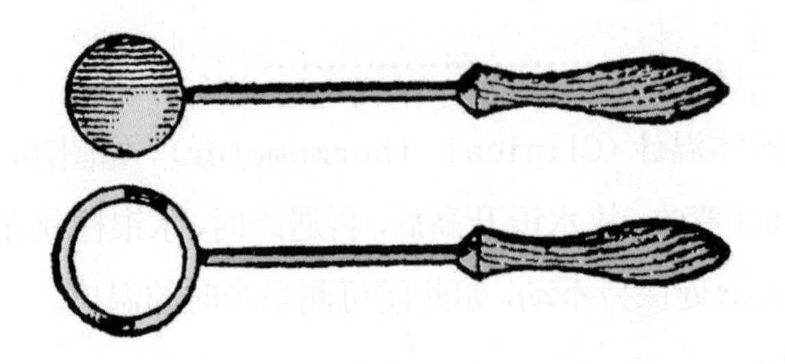

图79 固体的膨胀

由上述实验可知，固体物质被加热后，它的体积就会膨胀（Expansion）。遇冷后，它的体积就会收缩。当物体膨胀时，所增加的体积常向各方延长。若这物体是棒状等，则它膨胀时所延长的长度极为明显。当温度升高1°C，每单位长度的固体所增加的长，叫作线胀系数（Coefficient of linear expansion）。当温度升高1°C，每单位体积的固体所增加的体积，叫作体胀系数（Coefficient of cubical expansion）。体胀系数约是线胀系数的3倍。现将日常所用的物质的线胀系数列表如下：

铝	.000026	黄 铜	.000019
银	.000019	铂	.000009
铜	.000017	玻 璃	.000009
金	.000014	水 晶	.0000005
钢	.000011	因 钢	.0000009

在日常生活中，固体的膨胀现象比比皆是，例如，铁轨连接处的空隙，冬日大，夏日小。突然给玻璃器具加热，因各部分冷热不匀、膨胀不同，极易出现裂痕等。

实验22. 取一个盛满液体的试管，如图80，在管口塞一个橡皮塞，塞中通一根细玻璃管。将试管置于热水中，则可看到液体在细玻璃管中上升。

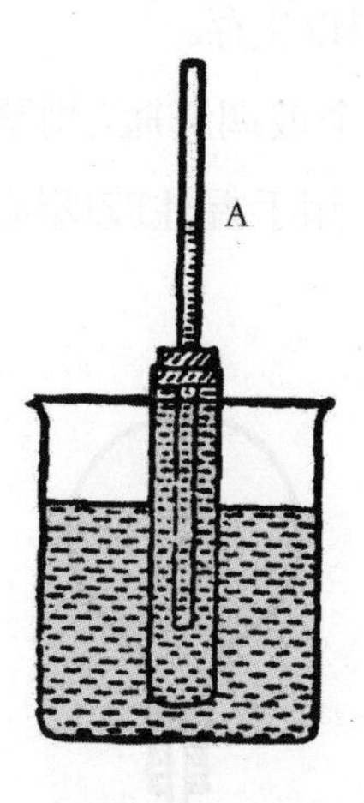

图80 液体的膨胀

由上述实验可知，液体也有膨胀现象。只因液体没有一定的形状，所以没有线胀系数，只有体胀系数。例如，上节所说的温度计中的液体因热而升，因冷而降，就是利用液体膨胀的器械。现把日常所见的液体的体胀系数列表如下：

酒 精	.00104	橄榄油	.00074
醚	.00215	松节油	.00105
水 银	.00018	石 油	.00104

在所有液体中，水的膨胀最为奇特。在一个标准大气压下，其体积在4° C时最小。当温度由4° C升高或降低时，它的体积就会胀大。所以，水的密度在4° C时最大，等于1。冬季湖中的水，湖面上的水先冷，当温度降低时，密度渐大，沉入湖底，下面温度较高的水，则上升至湖面，冷后又沉

下，如此交替，直到全湖的水均降至4°C为止。此后如果湖面上的水的温度再降低，密度反而减小，不再下沉。故湖面上的水先结冰，而湖底的水仍为4°C，因此水中的生物得以生存。

实验23. 如图81，取一个玻璃烧瓶，用塞子塞住瓶口，并插入一根玻璃管，往管内滴一滴红墨水，用手握住玻璃烧瓶，即可看到红墨水缓缓上升。

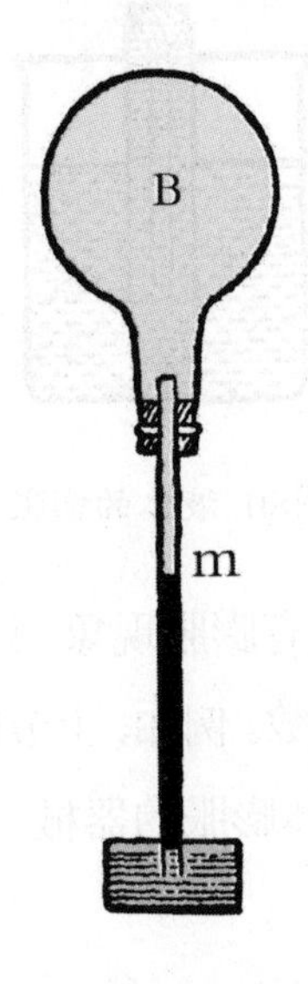

图81 气体的膨胀

由上述实验可知，气体因受热而膨胀，而它的膨胀系数比固体、液体都大。根据德国人盖·吕萨克（Gay-Lussac）在1802年的实验结果：当各种气体的压力不变时，温度每升高1°C，其体积即增加0°C时体积的$\frac{1}{273}$或0.00366倍，这叫作盖·吕萨克定律（Gay-Lussac law）。

热的计算

在前面我们已讲过热是一种能，那么它当然也有量。这热的量，就叫作热量(Quantity of heat)，即物体所含热多少的量。物体所含的热量增多时，温度即升高；热量减少时，温度即降低。如果冷热不同的两个物体互相接触，则热者向冷者传递一部分热量，使热者的温度渐低，冷者的温度渐高，直到两者的温度相等为止。

如上所述，虽然物体温度的高低由所含热量的多少而定，但它们的意义绝不相同。例如，一大杯水和一小杯水的温度虽相同，但所含的热量并不相等。即小杯所含的热量少，大杯所含的热量多。所以，温度是表示物体所含热的强度(即冷热的程度)，而热量则根据物体的种类和质量而定。

热量的单位为卡路里(Calorie)，简写“卡”，即使1克纯水温度升降1° C所需要或放出的热量。例如，使100克水从18° C升至40° C，所需要的热量为$100\times(40-18)=2200$卡。又若使100克水从40° C降至18° C，所放出的热量为2200卡。

使1克纯水升高1° C所需的热量为1卡，但其他各物质并不相同。使一个物体升高1° C所需的热量，叫作热容量(Heat capacity)。物质的热容量和同质量水的热容量的比，叫作该物质的比热(Specific heat)。用如下公式表示：

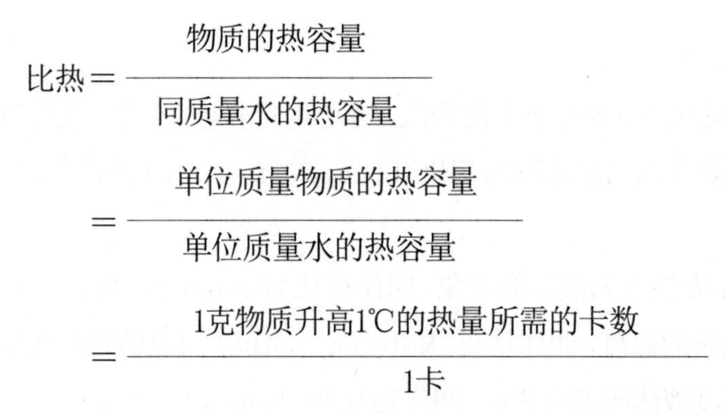

$$\text{比热}=\frac{\text{物质的热容量}}{\text{同质量水的热容量}}=\frac{\text{单位质量物质的热容量}}{\text{单位质量水的热容量}}=\frac{\text{1克物质升高1℃的热量所需的卡数}}{\text{1卡}}$$

∴ 比热=1克物质升高1℃或降低1℃所需要或放出热量的卡数

设H为m克物质由温度t_1升至t_2所需的热量，则

物质的热容量$=\dfrac{H}{t_1-t_2}$

S=比热$=\dfrac{H}{m(t_2-t_1)}$

$\therefore \quad H=mS(t_1-t_2)$

式中m、S即为物质的热容量。

现将几种重要物质的比热列表于下：

水	1.0000	水 银	0.0332	铜	0.0968
酒 精	0.5970	水蒸汽	0.4805	铝	0.2143
冰	0.5040	空 气	0.2376	铂	0.0324
铅	0.0314	金	0.0324	银	0.0570
铁	0.1138	玻 璃	0.2090	锌	0.0950
镍	0.1092	铋	0.0308	锡	0.0555

物态的变化

冰遇热而化成水，水遇热而化为汽，这是我们常见的现象。其他物质因吸收或散发热量而引起的物态变化（Change of state）俯拾即是，现类别如下：

（一）固体吸热变为液体的现象，叫作熔化（Fusion or Melting）。固体开始熔化时的温度，叫作熔点（Melting point）。1克的物质在熔点完全熔成同温度液体所需的热量，叫作熔化热（Heat of fusion）。

（二）液体失热变为固体的现象，叫作凝固（Freezing or

solidification)。液体开始凝固的温度，叫作凝固点(Solidifying point)。液体凝固时所散发的热量和固体熔化时所吸收的热量相等。

(三)液体吸热变为气体的现象，叫作汽化(Vaporization)。汽化时，液体露在空气的表面分子飞散在空中，就成为蒸汽(Vapor)。1克的液体变为同温度的蒸汽所需的热量，叫作汽化热(Heat of vaporization)。在平常的温度下，液体表面逐渐汽化的现象，叫作蒸发(Evaporation)。

如在瓶中盛液体，塞紧瓶口，则因液体的蒸发，瓶内液面上的空气所含的蒸汽分子逐渐增加，当达到最高限度时，液体分子飞散在空气中的数量，和空气中蒸汽分子返回液体中的数量相等。这时，液面上的蒸汽，叫作饱和蒸汽(Saturated vapor)。所呈的压力，叫作饱和蒸汽压(Saturated vapor pressure)。

水的饱和蒸汽压，在100° C时为76厘米水银柱高，恰和平常的大气压相等。所以，在平常气压下，水到100° C时就会很快蒸发，不仅是表面，就是内部也变成气泡升至水面而变成蒸汽(Steam)，这种现象叫作沸腾(Ebullition)。沸腾时的温度，叫作沸点(Boiling point)。所以，沸点就是液体的饱和蒸汽压恰等于液面所受压力时的温度。若液体所受的压力增大，则沸点也升高；若液体所受的压力减小，则沸点也降低。所以，在山上煮饭，因压力小、沸点低，常不易煮熟。

(四)气体失热变为液体的现象，叫作液化(Liquefaction)。液化时，气体将所得的汽化热再次放出。冬季用以取暖的暖气，就是利用蒸汽液化时所放出的汽化热。

(五)固体吸热不经液体而直接变为气体的现象，叫作升华(Sublimation)。如碘、硫黄等，在表面上也有蒸汽产生。升华和汽化的情形相同，到一定压力的时候，即停止升华作用。

大气中的水汽

将湿毛巾放在空中，不久就会干燥。地面上有一洼水，不久也由深变浅，到最后以至于干涸。这都是因为水吸收了太阳的热后蒸发为水汽飞散在空中的缘故。地面上水，如江、湖、河、海等，也无时无刻不在蒸发，化为水汽飞散在空中。所以，大气中常含有若干水汽。大气中含水汽的最大量，即为饱和蒸汽量。这饱和蒸汽量常根据当时的温度而定。温度越高，饱和蒸汽量越大。温度降低，饱和蒸汽量也就减少。因此，在保持气压一定的情况下，若温度降低，大气中未饱和的水汽就可变为饱和状态。若温度再降低，就有一部分水汽液化而凝成小水滴，这时的温度叫作露点（Dew point）。

大气中的水汽因气温降低而凝结，若此时的温度在冰点以上，则凝为液体而成露（Dew）、雾（Fog）、云（Cloud）、雨（Rain）；若此时的温度在冰点以下，则成为固体，如霜（Frost）、雪（Snow）、雹（Hail）、霰（Graupel）等，现分述如下：

（一）露

天气晴朗的夜间，地面上的物体因辐射散热，如草木、瓦石之类。当温度降低时，大气中的水汽遇到这些物体，若温度在露点以下，就凝结成露。

（二）霜

秋末春初的夜间，露点若在冰点以下，则水汽直接在物体的表面上凝结成霜。

（三）雾

若空气中含有大量水汽，且和地面接近的空气到了露点以下，则接近地面的水汽凝结于飘散在空中的尘埃里，而变成水球散布在空中，便成为雾。

（四）云

当低处的热空气吹入高处的冷空气中时，混合后的温度达到露点以下，则其中的水汽即凝而为云。云中不一定含有小水球，高层的云往往是细冰片集成的。

（五）雨

当云中含有大量水球时，因受重力作用，不能再飘浮在空中，即下降而成雨。

（六）霰

雨滴下落时，如果经过冷空气层，温度在冰点以下，未到达地面就已凝固成冰珠，而为霰。下雪之前，多有霰。

（七）雪

若水汽凝结时，温度在冰点以下，则不成水球，而成极小的固体结晶，就是雪。雪花多为六角形或六边形，非常美观。

（八）雹

雨雪下降时，如遇强烈的气流携它升降，辗转于冷、热空气层之间，凝固与熔化相互作用，层层重叠，越结越大，最后因重力作用下降，就成为雹。雹多降于夏季，因夏季多暴风的缘故。

利用热的机器

我们在前面已经讲过，热是分子剧烈运动所产生的一种能。利用这种热能，使机械变为能做功的装置，叫作热机（Heat engine）。热机的种类有很多，如蒸汽机（Steam engine）、内燃机（Internal combustion engine）等，现分述如下：

（一）蒸汽机

英国人瓦特（James Watt）看见壶内的水沸腾，蒸汽推动盖子逸出，于是悉心研究，利用蒸汽的推动力，制成近世通用的反复式蒸汽机（Reciprocating steam engine）。它的构造如图82，F为火炉（Furnace），B为锅炉（Boiler）。B中的水受F的热化为蒸汽，由S管进入蒸汽室（Steam chest）V，再由通道（Passage）N进入汽缸（Cylinder）C的右端，将活塞（Piston）P向左推动，牵动连杆R和曲轴（Crank）向左，使曲轴做回转运动。附于轴上的偏心轮（Eccentric wheel）也随之回转，将R'杆向右推动，活门V即随之向右。等到V移至右方后，将S、N的通路隔断，而将S、M的通路打开，蒸汽即由M进入汽缸。将活塞P向右推动，同时V向左移动，原来在筒内右方的蒸汽，则经通道N及排气管（Exhaust）E排出筒外。等到V移至汽缸左方时，又将S、N的通路打开，而将S、M的通路隔断，蒸汽又通过N进入汽缸中，将活塞P向左推动，筒内的蒸汽由M及E排出。这样反复不息，曲轴也转动不止。如果用皮带连接铁轮W'及其他机械，即可使它继续做功。

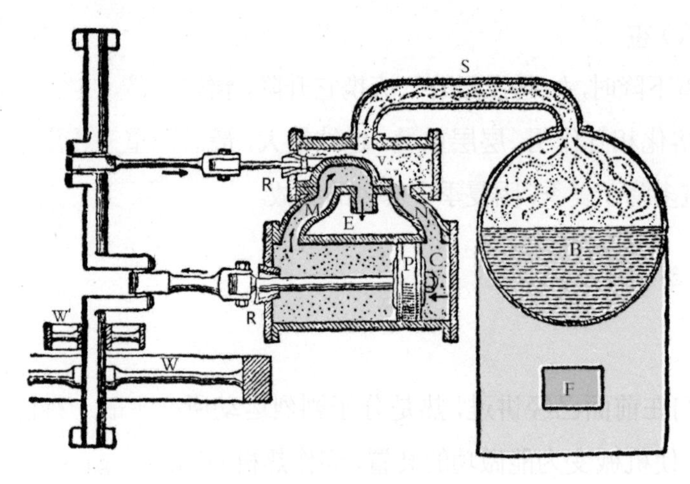

图82 蒸汽机

当活塞P行至左右两端时，往往不能使曲轴转动。为了解决这个难题，在轴上装一个质量极大的飞轮（Flywheel）W。因W的质量极大，转动之后，由于惯性作用，不易停止，于是可使曲轴继续转动，并使转动速度不致急速变更，保持均一。故飞轮有调节速度的功用。

蒸汽机的用途极广，火车、轮船以及工厂中的原动力，大都用这种装置。

（二）内燃机

蒸汽机所用的燃料是在汽缸外燃烧，所以必须有笨重的锅炉，非常不便利。内燃机所用的燃料在汽缸内燃烧，轻便、易动。内燃机的构造如图83，P为活塞，用金属杆和飞轮W相连接，S为进气阀（Intake valve），E为排气阀（Exhaust valve），S及E的开、关均由连于转轴上的凸轮（Cam wheel）拨动。内燃机利用汽油、石油或煤气和空气混合，吸入汽缸，用电花使它燃烧，发生爆炸，以推动活塞。它的运作可分为吸入、压缩、爆发、排气等：

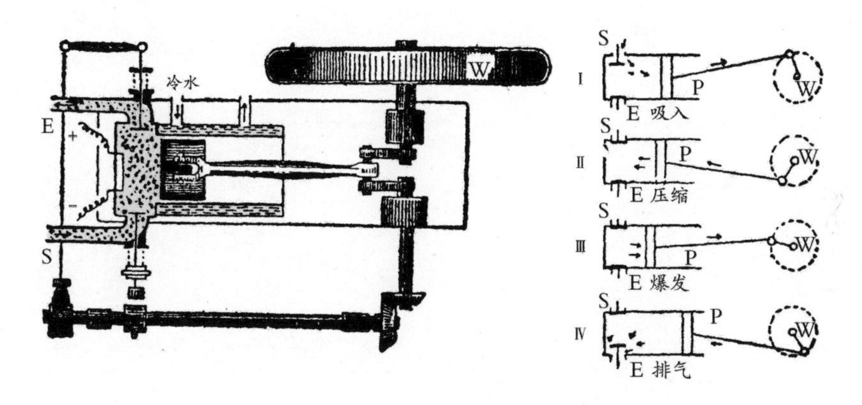

图83 内燃机的原理

1.吸入作用。由飞轮W的转动，拉动活塞P向右，活门E关闭，活门S开放，混合气体即从S进入汽缸内。

2.压缩作用。飞轮W继续回转，推动活塞P向左，同时活门S关闭，于是筒内的气体的体积因受P的压力而减小。

3.爆发作用。当活塞P向左的一瞬间，有电花通过，汽缸内的混合气体立即爆炸，压力剧增，活塞P即被推向右。

4.排气作用。因飞轮的惯性作用，活塞P又被推向左，活门E开放，废气即由E排出筒外。

这四步运作循环不已，所以可使它继续转动。除了爆发作用，加力于活塞P之外，其他三种作用都依靠飞轮的惯性作用。因为这种机关轻便，所以汽车、飞机上都用这种机关。

Chapter 6

声音是如何发出的?

用锤击鼓，鼓就发声，这声是怎样发出的呢？我们又是怎样感觉到的呢？要想知道这种原理，必须研究以下几点：

（一）波动

将一个小石子投入到静止的水面中，当水受到扰动后，即见水面以石子为中心，呈圆轮状上下振动的水波向四处传播，这种现象叫作波动（Wave motion）。当水波动时，如果在水面上放置一片小木片或树叶，就见这小木片或树叶仅随水波作上下摆动，并不随水波前进。水波虽向四处扩散，但水的各部分并未向外流动，只在原位置的近旁作上下左右的反复振动。如图84，即为水波的形状。图85为水波的横剖面，凸起处为波峰（Crest），凹下处为波谷（Trough），l为波长（Wave length），虚线为水平面，波峰或波谷与水平面的距离d叫作振幅（Amplitude）。凡能传播波动的物质，叫作介质（Medium）。例如，上述的水就是介质。

图84 水 波

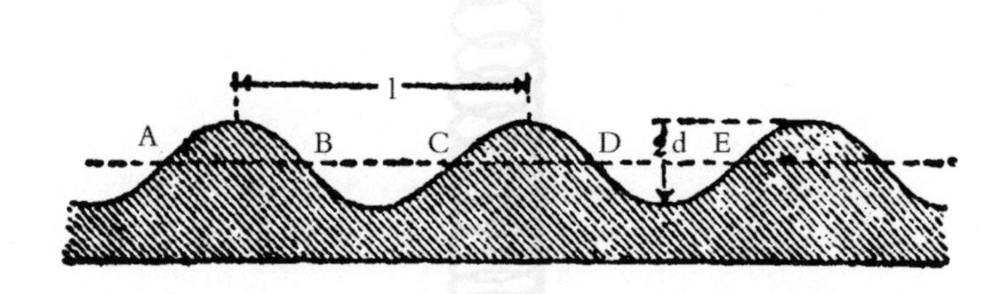

图85 水波的横截面

波动可分为横波（Transversal wave）及纵波（longitudinal wave）两种。例如，固定长绳的一端，手持另一端上下振动，就见绳上起凹凸的波形向固定的一端行进。这种介质的各部分的振动方向和波动传播的方向互相垂直，这种波就是横波，如图86。

图86 横 波

辐射波、光波、电磁波（见后）都是这种波。固定弹簧的一端，如图87，手持另一端突然向下压，放手后，就见弹簧上的线圈的排列疏密相间，依次传播。这种介质的各部分的振动方向和波动传播的方向相同，在同一条直线上的波就是纵波。声波就是这种波。

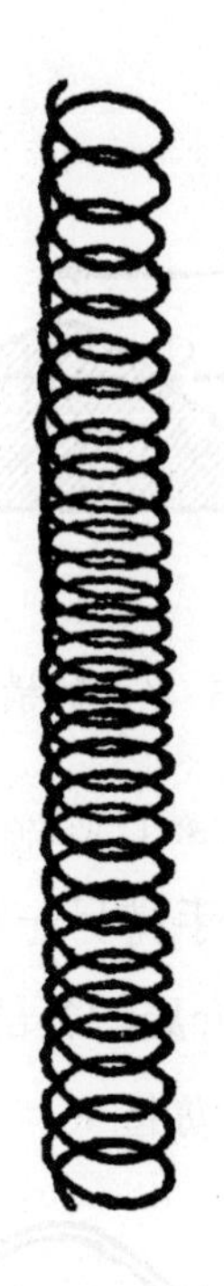

图87 纵 波

（二）声波

如果用小棒轻触正在发声的鼓的鼓皮，则见小棒跳动不已。又如用手指拨动琴弦，则见琴弦迅速振动，同时可听到它所发出的声音。由此可知，一切声音都是由于发声体的迅速振动而产生的。当发声体向一方振动时，压挤近旁的空气，密度增加。等发声体向另一方振动时，空气膨胀，密度减小。因此，疏密的状态向外传播，于是形成声波（Sound wave）传入人耳，使鼓膜发生振动，即出现了声音的感觉。

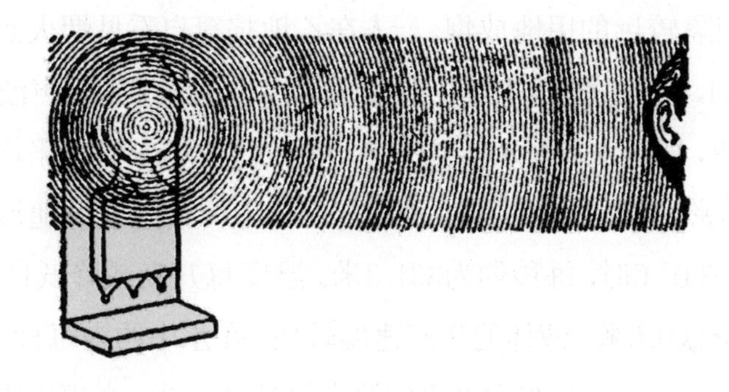

图88 电铃的声波

传声的介质，最普遍的即为空气。气体、液体、固体都能传声，尤以液体、固体为佳。若无介质，就不能发生波动，即无声波。试将电铃置于空气泵的钟罩内，将空气逐渐抽去，铃声即随空气的稀薄逐渐减低，到最后以至于完全消失。在钟罩内再次放入空气，电铃又响了，如图89。

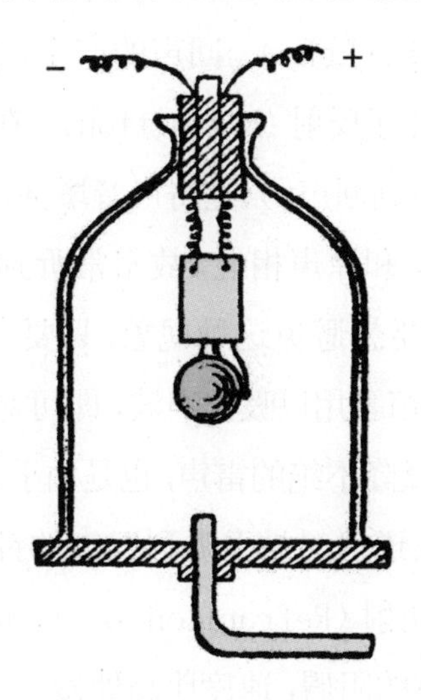

图89 真空中的电铃

声波从甲地传到乙地，必须经过一定时间。例如，远处放炮，先看见烟火，后听到声音；又如远处的人打桩入地，先见槌和桩顶接触，然后才听到声音，这都可以证明。所以，要想测知声波在空气中的传播速度，可由一人在相隔较远的甲地放炮，一人在乙地掐算自看见烟火到听到声音相距的时间，用距离除以时间，就可求出声波的速度。但声波的速度顺风比逆风快，所以在测验时应由二人互换放炮，以求它的平均速度才正确。根据精密测量的结果可知，声波在空气中传播的速度随温度高低而不同，大概在0°C时，每秒约为331.3米。温度每升高或降低1°C，声速就要增加或降低0.6米。液体的传声速度较快，在水中约为每秒1400米。固体的传声速度最快，如在木中平均约为每秒4000米，在钢铁中约为每秒5100米。

声波的反射和折射

我们在山谷或高大的房屋前面大声高呼，不久就可以再听到同样的声音，这种现象叫作回声（Echo）。回声的产生，是由于声波传至山谷或房屋时遇到了阻碍，产生了反射（Reflection）。在室内讲话，回声反射很快，和原声相合，故听不到回声，只觉得声音增强，分外清晰；若在大会堂中讲话，回声反射较迟，和原声相混，故常常听到混杂的声音，这叫作混响（Reverberation）。要想避免这种现象，只要多开窗户，使声波传出消散，或在四壁悬挂呢绒帘幕用以吸收声波，即可避免声音的反射。又如雷雨天的时候，常常听见隆隆不绝的雷声，也是由于云层间的反射。

我们在顺风时比在逆风时易于听到远寺的钟声，钟声在夜间比白天清晰，这是由于声波的折射（Refraction of sound）。折射的发生，是因为风在近地面受到物体的阻碍，速度比高处慢。声波在顺风中传播时，在高处行进的速度比在近地面的行进速度快，于是行进的方向就会逐渐向下弯曲，如图90（甲）。所以，人站在地面上容易听到声音。若声波在逆风中传播时，在高处行进的速度因阻力大，故比在近地面的行进速度慢，于是行进的方向就会逐渐向上弯曲，如图90（乙）。所以，人站在地面上不易听到声音。又因白天高空温度比地面低，故近地面处的声波的传播速度较快，和在逆风中的情形相似，所以，人站在地面上不易听到声音。夜间地面辐射散热，易于冷却，温度比高空低，故声波向下折射容易被听到。

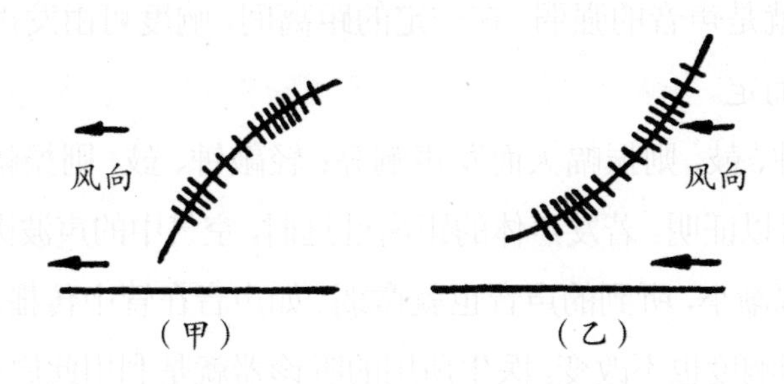

图90 声波的折射

乐 音

弹琴奏乐所发出声音，使人听后感到愉快，这是因为发声体的振动有整齐的规则。发声波的频率（Frequency，即发声体每秒振动的次数）及波长均一定，这叫作乐音（Musical sound）。若发声体的振动杂乱无章，发声波的频率及波长均不一定，如车声、雷鸣、枪炮等，使人听后感到不愉快，这叫作噪声（Noise）。噪声、乐音可以分别用图91的曲线表示。在物理学上所讨论的是乐音，因为噪声没有一定的规则，所以通常不去研究它。

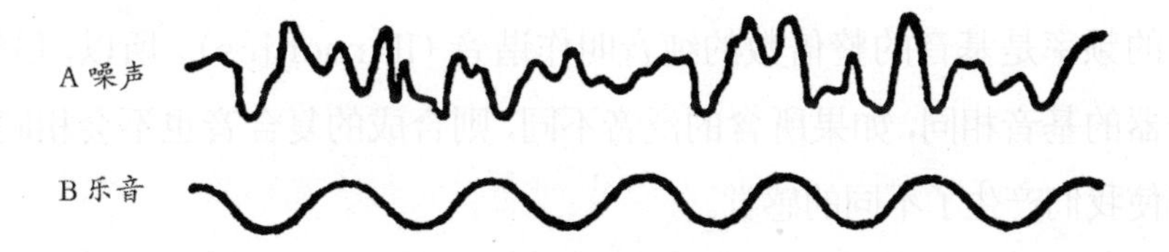

图91 噪声、乐音的代表曲线

乐音有三要素：（一）响度（Loudness）、（二）音调（Pitch）、（三）音色（Quality or Timbre）。现分述如下：

（一）响度

响度就是声音的强弱。在一定的距离间，响度可由发声体振动时振幅的大小而定。振幅大，所发出的声音强；振幅小，所发出的声音弱。例如，重敲钟、鼓，则振幅大而发声响亮；轻敲钟、鼓，则振幅小而发声微弱，这就可以证明。若发声体的距离过远时，空气中的声波因扩散面积很大，故振幅渐小，听到的声音也就微弱。如声音在管中传播，扩散面积并不增大，即响度也不改变。医生所用的听诊器就是利用此原理制成的。

（二）音调

音调就是声音的高低，由于发声体振动的频率多少而定。频率大，所发出的声音高；频率小，所发出的声音低。女子的声音因发声时频率比男子多，所以音调比男子高。

人耳能听到的声音，它的频率不能少于20赫兹（Hz），也不能超过20000赫兹（Hz）。但每个人稍有不同，且和年龄也有关系。平常我们说话时，频率约在80赫兹（Hz）至1000赫兹（Hz）之间。

（三）音色

当各种乐器同时奏同样音调和响度的音时，我们仍能辨别，这是因为音色各不相同。普通乐音是由几种最简单的纯音（Pure tone）混合所成的复合音（Compound tone）。复合音中频率最小的纯音叫作基音（Fundamental tone）。其他频率较大的纯音叫作泛音（Overtone）。泛音的频率是基音的整倍数的纯音叫作谐音（Harmonics）。所以，虽然两乐器的基音相同，如果所含的泛音不同，则合成的复合音也不会相同，因而使我们产生了不同的感觉。

发声体和共振

虽然乐器的种类很多，但发声体不外乎琴弦、气柱、棒、板及膜等几种。利用琴弦的振动而发声的乐器，叫作弦乐器（String instrument），如钢琴、胡琴、琵琶等。利用气柱的振动而发声的乐器，叫作吹奏乐器（Wind instrument），如军号、风琴、笙、箫、笛等。利用棒、板或膜受打击后振动而发声的乐器，叫作打击乐器（Percussion instrument），如音叉、锣、鼓、钟、铃等。现将各种发声体发声的情形讨论如下：

㈠弦的振动

将弦固定于两点，用手指或弓轻擦拨它的中央，弦就全部作基本振动（Fundamental vibration），发出基音，如图92（A）。如果用手指轻按弦的中点，拨动全长四分之一处，弦就分作两段振动，发出比基音高的第一泛音（First overtone），如图92（B）。如果用手指轻按弦长三分之一处，拨动全长六分之一处，弦就分作三段振动，发出比第一泛音稍高的第二泛音（Second overtone），如图92（C）。

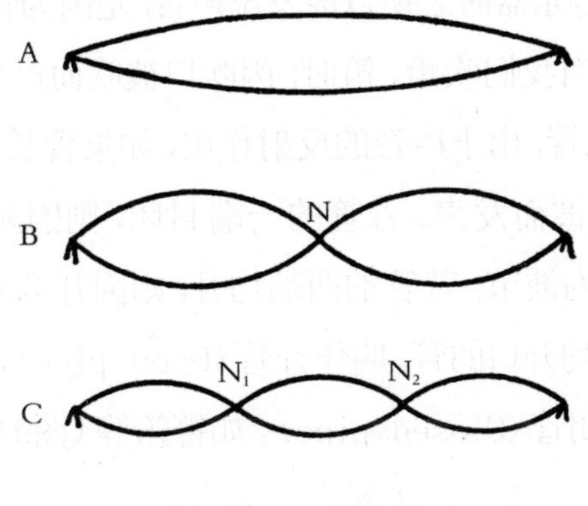

图92 弦的振动

弦的振动是一种横波，它的各部分常在等长的范围内作同样的振动，但波形并不前进。这是因为波从一端向另一端行进，行至某点后又反射而回，行进波和反射波互相干涉而生成合成波。这合成波有振动剧烈而恒剧烈振动处，有全不振动而恒静止处，所以，这合成波就止于一定的范围内而不前进，这种波叫作驻波或定波（Stationary wave）。驻波振动最剧烈处，即各段的中央，叫作波腹（Loop）。全不振动处，即各段的边界点，叫作波节（Node），如图92中的N、N_1、N_2。波节和波腹的位置通常一定，其距离等于波长的二分之一。相邻两波腹或两波节间的距离，等于驻波的二分之一波长。

由实验可知，弦的振动频率和弦的长短、粗细、密度、张力有一定的关系。即（1）和弦的长短成反比，即弦长的振动频率小，弦短的振动频率大；（2）和弦的粗细成反比，即弦粗的振动频率小，弦细的振动频率大；（3）和物质密度的平方根成反比，即密度大的振动频率小，密度小的振动频率大；（4）和张力的平方根成正比，即张力大的振动频率大，张力小的振动频率小。例如，琵琶上的四根弦的粗细、松紧各不相同，所以音调也就各异。

（二）气柱的振动

我们吹箫、笛等乐器时之所以能发出声音，是因为管中的空气柱（Air column）的振动。当我们吹箫、笛时，因吹口被吹而产生复杂的振动，使空气的疏密传送入管，由于声音的反射作用，如果管长适当，管中的空气柱振动，即成为驻波而发声。若管的一端封闭，则因闭端的空气难以振动，所以闭端即成为波节；若管的两端均开，则因开端的空气易于振动，故成为波腹。两端均开口的管，叫作开管（Open pipe），如箫、笛等。有一端封闭的管，叫作闭管（Closed pipe），如警笛等（图93）。

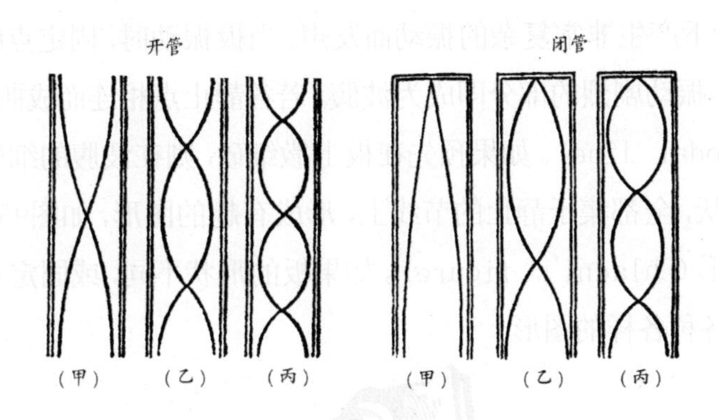

图93 管的振动

（三）棒的振动

棒（Rod）的振动有纵横两种。如果夹住金属棒或玻璃棒的一端，用敷有松香的布或用醚浸湿的布沿棒摩擦，棒即沿着它的长度而产生纵振动，发出极高的声音。如果棒的一端被夹住，即静止而成为波节，另一端可自由伸缩振动，故成为波腹，它的情形和闭管相同。又如用手夹住金属棒的一端，用力侧击它的另一端，或在两支点架一根木棒，用力击它的中心，棒即产生横振动而发声，它的情形和弦的振动相同，如图94。

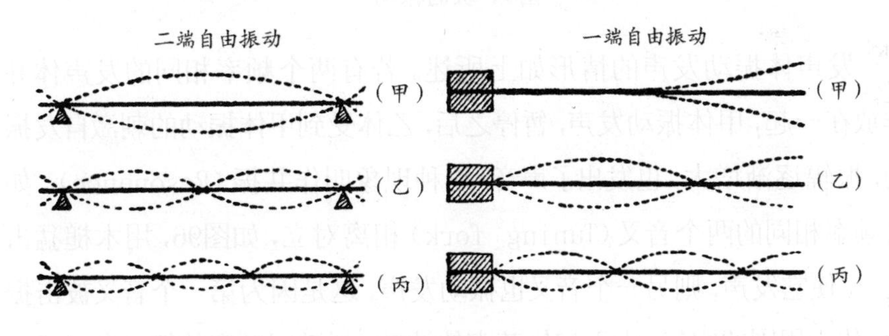

图94 棒的振动

（四）板和膜的振动

锣、鼓、钟、磬等乐器的发声，都是由于板（Plate）或膜的振动所致。固定圆形或方形的金属板或玻璃片的一点或数点，用弓弦摩擦它的边缘，板即上下产生非常复杂的振动而发声。当板振动时，固定点即静止而成为波节，振动剧烈的部分即成为波腹。若各静止点相连而成曲线，这叫作节线（Nodal line）。如果预先在板上撒细砂，则在波腹的细砂因受到振动而飞跃，全都集于静止的节线上，形成有趣的图形，如图95，这叫作克拉尼图形（Chladni's figure）。如果板的形状不同，或固定点互异，就可形成各种各样的图形。

图95 板的振动

发声体振动发声的情形如上所述。若有两个频率相同的发声体并排放在一起，甲体振动发声，暂停之后，乙体受到甲体振动的刺激自发振动，振辐逐渐增大，也发出了声音，这种现象叫作共振（Resonance）。如果频率相同的两个音叉（Tuning fork）相离对立，如图96，用木槌猛击其一，使它发声，则另一个音叉也振动发声。这是因为第一个音叉被击振动，传于周围的空气，由于空气疏密的波动，刺激同频率的第二个音叉，使它自发振动。利用共振以增大音响的现象有很多，如三弦、琵琶、胡琴、月琴等都装在空箱上面，就是利用共振的原理。

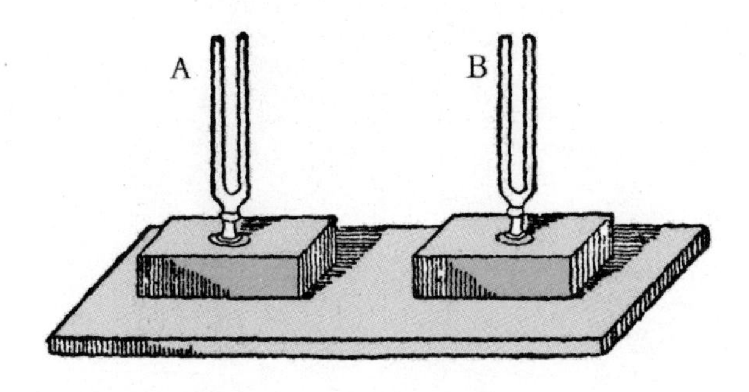

图96 音叉的共振

Chapter 7

光

光波是如何产生的?

我们在前面已讲过，一切物体因分子的运动，影响四周的以太，使它波动而成为辐射。如果这物体的温度较低，所发出的辐射线就成为了我们人眼所不能见的波长较长的热线(Heat ray)。如果温度渐渐升高，所发出的辐射线有波长较短的波动，到了适当的温度，这辐射线就成为了我们人眼可见的每秒行进30万千米的光(Light)。凡能发光的物体，叫作发光体(Luminous body)或光源(Light source)，如太阳、恒星、电灯、烛焰，以及其他燃烧物等。若物体自身不能发光，除非借助外来的光，且不能被人眼所看见，叫作不发光体(Non-luminous body)或受照体(Illuminated body)，如地球、月球和行星等。

若窗上置玻璃，太阳光就可由玻璃进入。若窗上钉以木板，太阳光就被阻而不能通过。这种光可透过的物质，叫作透明体(Transparent body)。光不能透过的物质，叫作不透明体(Opaque body)。介于两者之间，能透过一部分光，但隔着它不能看见物体的，如毛玻璃、油纸等，叫作半透明体(Translucent body)。

我们常看见太阳光从窗隙中射入，映着空气中的尘埃或烟雾，成一条直线。若用不透明体遮隔，太阳光则不能通过。这种光在密度均匀的均匀介质(Homogeneous medium)中依直线行进的现象，叫作光的直线传播(Rectilinear propagation of light)。因此，光所通过的路线，就叫作光线(Light ray)，可用直线来表示它。

实验24. 取一个硬纸板，在上面穿一个针孔，在暗室中放在烛焰和纸屏中间，如图97，则纸屏上出现了一个倒立的烛像。

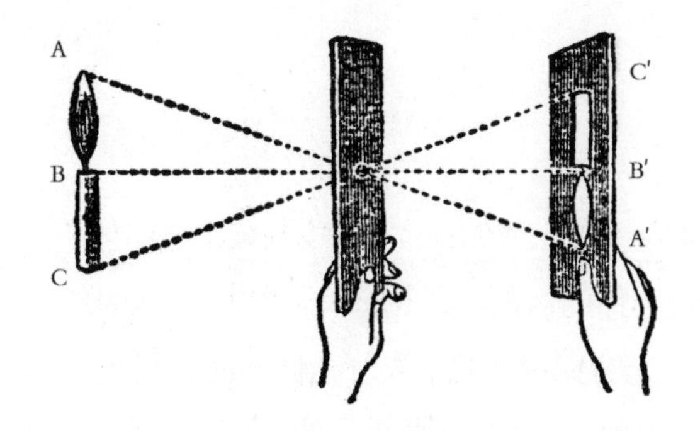

图97 针孔像

上面这个实验，即是由于光的直线传播所致，因烛焰AB间各点所发出的光都依直线通过针孔，所以成为倒像（Inverted image）。又因为它是实际光线会聚而成，所以又叫作实像（Real image）。如果用一个一面开口的暗箱，闭面穿一个针孔，开口的一面装一块毛玻璃或敷以油纸，即成一个针孔照相机（Pinhole camera）。将针孔向着屋外，在毛玻璃或油纸上即可映出屋外景物的针孔像（Pinhole image），如图98。

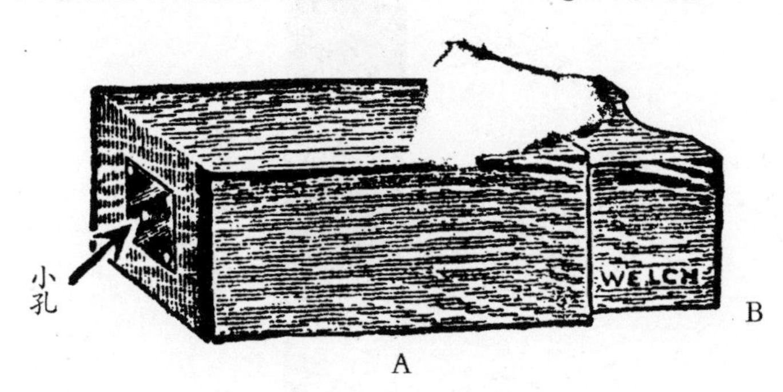

图98 针孔照像机

日食和月食

将不透明体置于发光体的前面，光线则被不透明体所遮挡不能通过，于是在这个不透明体的后面，就出现了一片黑暗，这叫作影（Shadow）。影的形成也是由于光的直线传播。若发光体的面积极小，可视作一点，如图99（甲）的S，所发出的光线完全被不透明体 A_1A_2 所遮隔，则所成的影完全黑暗。如果 $A_1A_2B_2B_1$ 的轮廓非常明显，这叫作本影（Umbra）。如果发光体并非一点而有一定的面积，如图99（乙）的 S_1S_2 ，则中央部分 $A_1A_2B_3B_2$ 成为黑暗的本影。而它的周围部分可受到发光体所射来的一部分光，成为较淡的影，这叫作半影（Penumbra）。又如发光体比所遮的不透明体更大，如图99（丙）的S，则所成的本影呈圆锥状，如 A_1A_2C 。若遮隔物后的置幕的距离较远，如 B_5B_6 ，则幕上仅有半影 B_5B_6 ，而无本影。

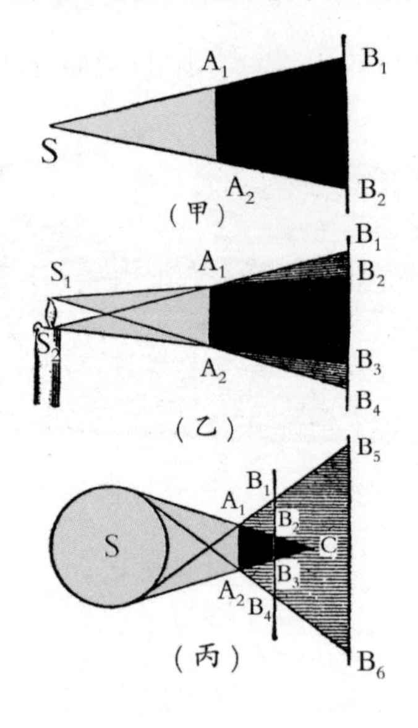

图99 影

日食(Solar eclipse)、月食(Lunar eclipse)就是自然界中影的现象。当月球行至太阳和地球的中间时，太阳光不能到达地球，就成为了日食。当地球行至太阳和月球的中间时，太阳光不能到达月球，月球的表面黑暗，就成为了月食。如图100，日食时，地球进入月球本影内的位置，完全看不见太阳，叫作全食(Total eclipse)。只进入月球半影的各处，仍可看见一部分太阳，叫作偏食(Partial eclipse)。有时月球的本影不能到达地面，此时地面上正对着本影圆锥顶点的位置，仍可看见太阳的边缘，叫作环食(Annular eclipse)。月球距离地球比地球本影圆锥的长度短，所以月食只有全食和偏食，没有环食。

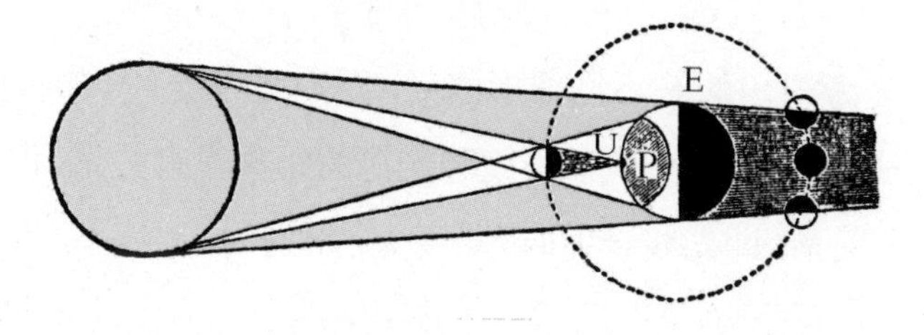

图100 日食和月食

照度和亮度

光源的光以光源为中心，向各方呈球形射出，沿着直线行进，所以距离物体越远，所照的物体的面积就越广。但光源所发出的光量是一定的，射出越远，面积越广，光量就被分散而减弱。故物体距离光源越远，所受到光源射来的光量也越弱，因而较暗。物体渐近光源，所受的光量渐强，因而较明。凡单位面积在单位时间内所受到的光量，就叫作照度(Intensity of illumination)。如图101，假设离光源单位距离的平面(Ⅰ)上，所受的照度为1，则离光源2倍距离处的平面(Ⅱ)上，面积扩大四倍，照度应为$\frac{1}{4}$。在离光源3倍距离处的平面（III）上，照度应为$\frac{1}{9}$。由此可知，受照体的照度和光源距离的平方成反比。

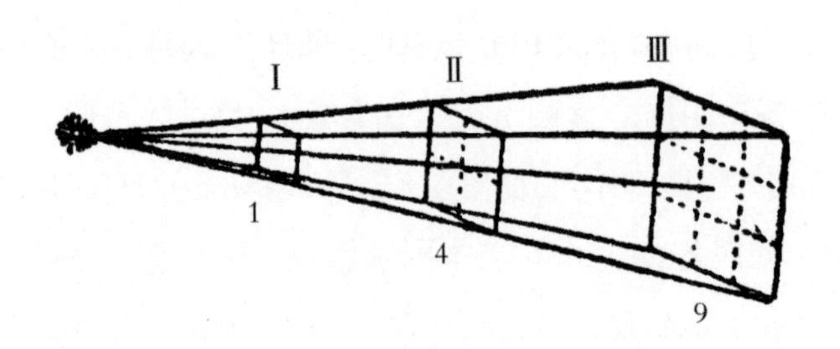

图101 照度和距离的关系

若从光源射出的光不呈球形四射，而为平行光线，如探照灯所发出的光，因面积并不扩大，所以照度和光源的距离没有关系，但与光线的直射、斜射有关系。即光线直射时，照度大；斜射时，照度小。地球与太阳的距离，冬季比夏季近，但因冬季日光斜射，地面上所受的光和热反而比夏季少，所以才有寒暑的区别。

我们知道在同一距离中，50支烛光的电灯比25支烛光的电灯要亮得多，这是因为光源所发出的光量的强弱有所不同。这种光源所发光量的强度，叫作光强（Intensity of light）。光强的单位为烛光（Candle power），是根据鲸油所制成的标准蜡烛所发出的光而定。上面所说的50支烛光的电灯，用的就是这个单位。

比较光的强弱，通常使用的最简单的仪器是本生油斑光度计（Bunsen's grease-spot photometer）。如图102，B及C是拟作比较的两光源，A为纸制的圆形板，中央涂蜡或油，直立在米尺上面，圆板可来回移动。圆板中央因涂蜡成半透明体，光线易透过，其他部分则光线不能透过。如果在B侧观察A，若A距C近，则C的光透过涂蜡部分射来的比B的光透过去得多，于是觉得涂蜡部分明亮。相反，若A距B近，则在B侧观察A

时，涂蜡部分因B的光透过去得多，而C的光透过来得少，即成黑暗。但在C侧观察A时，涂蜡部分又成明亮。如果调节A的位置，使从两侧观察A涂蜡部分的明亮相等，就是B、C两方的照度相等。设L、E表示B、C光源的强度，a代表AB的距离，b代表AC的距离，那么A面上两边的照度为$\frac{L}{a^2}$和$\frac{E}{b^2}$，所以

$$\frac{L}{a^2}=\frac{E}{b^2} \quad 或 \quad \frac{L}{E}=\frac{a^2}{b^2}$$

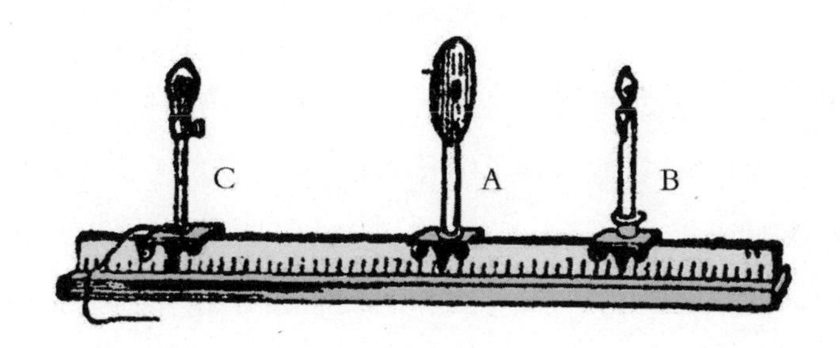

图102 本生油斑光度计

由此可知，两光源的光强的比和圆形板相隔距离的平方成正比。如果已知一光源的光强，即可由其距离测得另一光源的光强。

光的反射

当太阳光从窗隙射入时，如果你用一个小平面镜接住它，就可以看见这太阳光改变方向而射回，如图103，这个现象叫作光的反射（Reflection of light）。

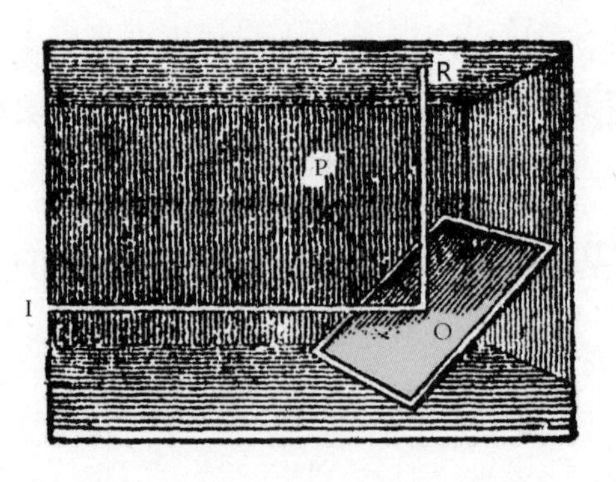

图103 光的反射

又如图104，光线和镜面相遇的一点O，叫作入射点（Point of incidence）。从O引一条直线OP垂直于镜面，叫作法线（Normal）。入射光线IO，叫作入射线（Incidentray）。IO和法线OP所成的角IOP，叫作入射角（Angle of incidence）。入射线和法线所成的面，叫作入射面（Plane of incidence）。反射光线OR，叫作反射线（Reflected ray）。OR和法线OP所成的角POR，叫作反射角（Angle of reflection）。由实验可知，光的反射定律（Law of reflection）为（1）反射线、入射线和法线在同一平面内，而入射线和反射线各在法线的两侧；（2）反射角和入射角相等。

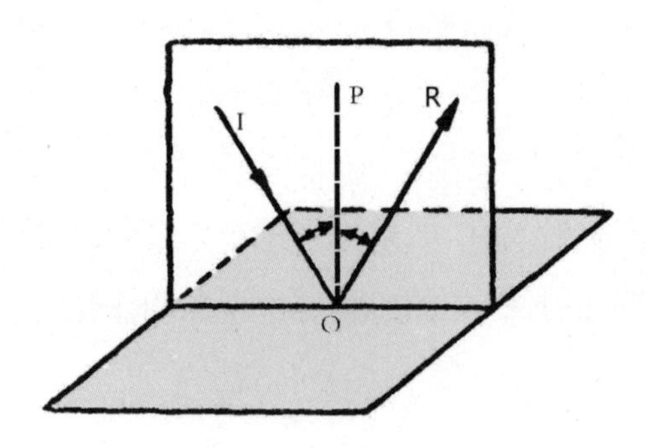

图104 反射定律

由上所述可知，若入射光线为互相平行的光线，当射在极平滑的面上时，它反射的各光线也互相平行，如图105（1），这叫作单向反射（Regular reflection）。若平行的入射线遇到粗糙的面，因面上凹凸不平，它的反射线就不再平行，而向四处乱射，如图105（2），这叫作漫射（Diffuse reflection）。漫射的光叫作漫射光（Diffused light）。一切可见的物体的平面看似平滑，但经过精细的观察就可知道，其实这些物体的表面略微凹凸不平，所以光线射在上面，就成了漫射光。我们可以看见一切物体，就是因为这漫射光。

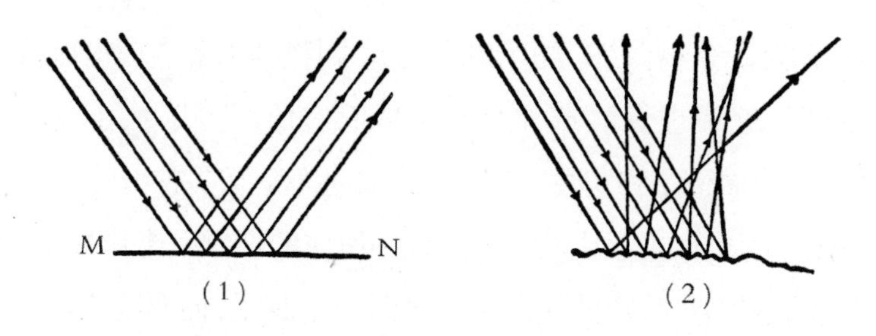

图105 单向反射和漫射

我们日常所用的平面镜（Plane mirror）就是利用光的反射原理制成的。置物体于平面镜前，镜后就会生成和物体同样的像。如图106（甲），S为PQ镜前一点，任取它所发出的两条光线SA、SB射在镜面上，依反射定律，得两条反射线AC、BD。若将这两条线向反方向引长，就相交于一点S'，而这S'点又必在SF的延长线上，故人在E点所见到的光线，似乎是由S'点发出的一样。所以，S'即为S点的像，但这像并非光线实际的会聚点，而是反射线向反方向延长的会聚点，故叫作虚像（Virtual image）。

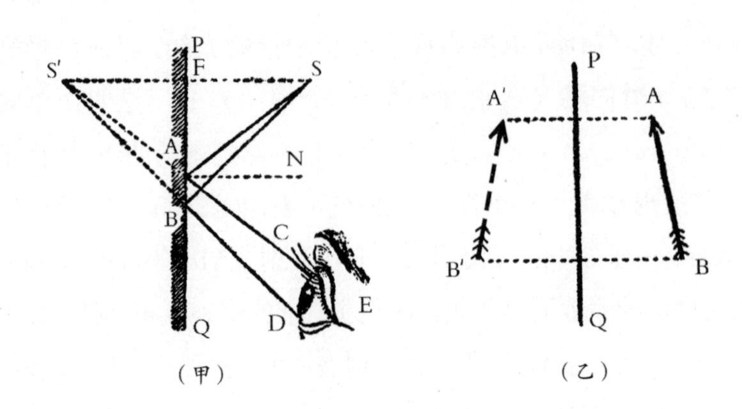

图106 平面镜的像

若光源为一个物体AB，如图106（乙），则物体上各点在镜后所生成的像联合起来，就成虚像A'B'。平面镜所成的虚像，形状、大小均和原物相同。像与镜面的距离，和实物与镜面的距离相等，而左右相反。

我们在游乐场中见到的哈哈镜，镜中所成的像常呈奇形怪状，令人看了发笑，这是因为哈哈镜的镜面不是平面而是曲面。曲面镜的种类极多，最普通的是球面镜（Spherical mirror）。球面镜的镜面为球面的一部分。反射面向球的中心C弯曲的，叫作凹面镜（Concave mirror）。用球的外面做反射面的，叫作凸面镜（Convex mirror）。球面镜镜面上的中心，叫作顶点（Vertex），如图107的O点。圆球的中心，叫作曲率中心（Center of curvature），如图107的C。连接顶点和曲率中心的直线，叫作轴线（Axis），如图107的OC。

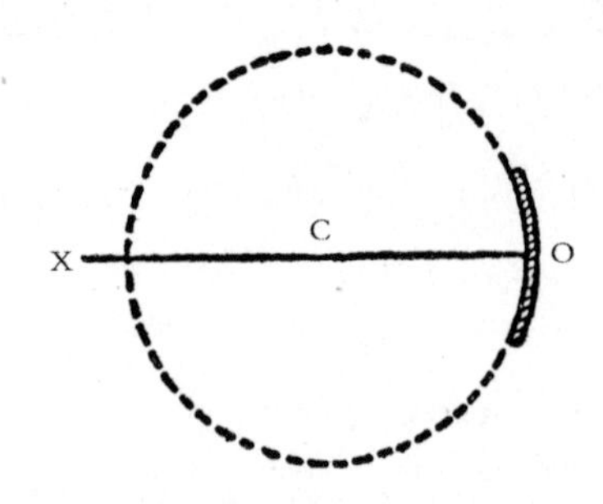

图107 球面镜的一部分

如果以凹面镜的轴线方向对着太阳光，因太阳光源离镜极远，近似于平行光线，这平行光线射至镜面，经反射后都会集于轴线上的F点，如图108。

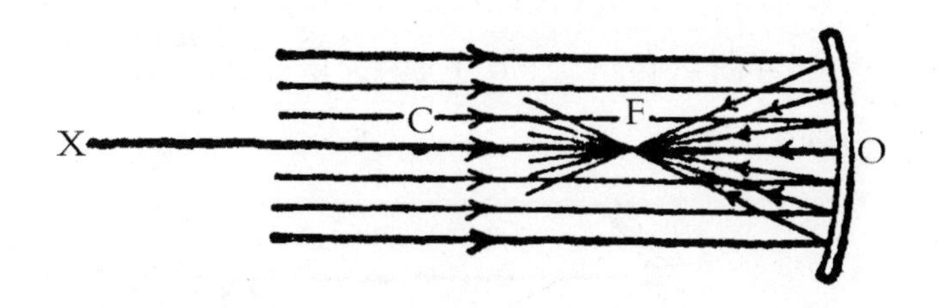

图108 凹面镜的焦点

若在此点放置一张纸片，就可见太阳的像。如果把易于点燃的物质放在此点，就会燃烧，所以这F点叫作焦点（Focus）。由焦点至镜面的距离叫作焦距（Focal length）。焦距恰等于轴线OC的一半。如果平行光线射至凸面镜的镜面，则反射光线向四处扩散，但将反射线向镜后延长，也可集于一点，如图109的F，这点也叫作焦点。因凹面镜的焦点是由反射光线实际通过，而凸面镜的焦点是由反射光线反方向延长后通过，所以，凹面镜的焦点叫作实焦点（Real focus），凸面镜的焦点叫作虚焦点（Virtual focus）。

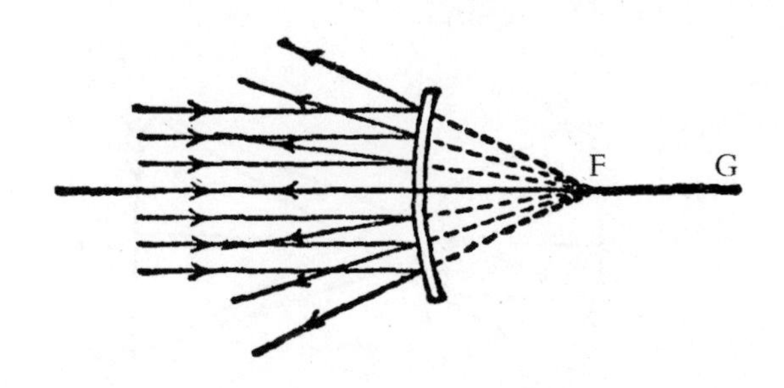

图109 凸面镜的焦点

凹面镜所成的像，因物体的位置不同，而成像有大、小、倒、正、虚、实的差别，分述如下：

（一）物体在曲率中心外

则在焦点和曲率中心间生成比原物小的倒立实像。如图110（甲），AB为一个物体，在曲率中心C外，由此物体所发出的光线经凹面镜镜面反射后，会聚于焦点F和曲率中心C之间，生成像A'B'。因A'B'是由反射光线实际会聚的像，所以是实像。

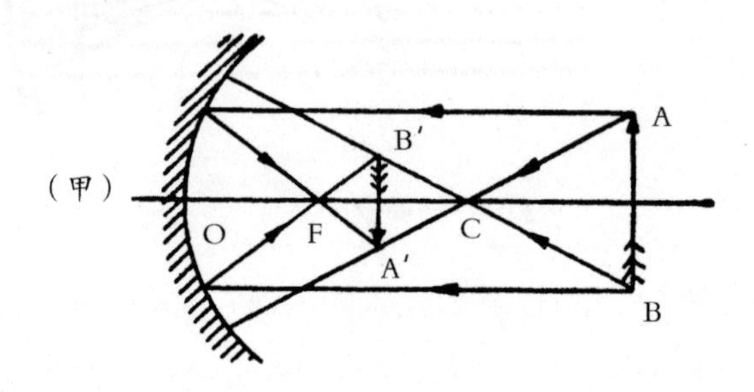

图110（甲） 凹面镜所成的像

（二）物体在曲率中心上

则仍在原处生成与原物同大的倒立实像。

（三）物体在焦点和曲率中心之间

则在曲率中心外生成比原物大的倒立实像，如图110（乙）。因这像也是反射光线会聚的像，故也是实像。

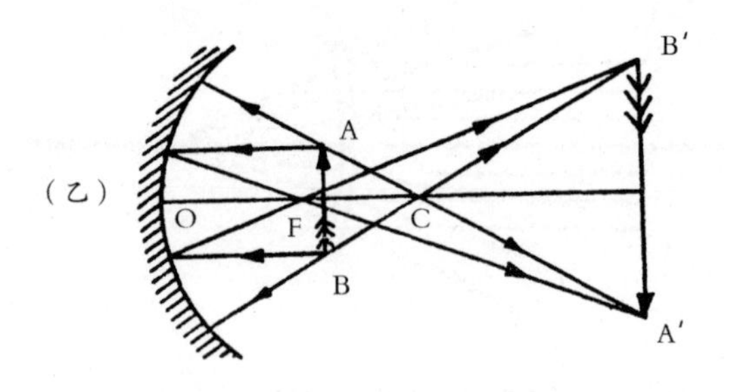

图110（乙） 凹面镜所成的像

（四）物体在焦点上

则各反射光线在镜前无会聚点。若反向延长各反射线，则可于镜后极远处生成一个比原物大的正立像，因这像并非由反射光线实际会聚而成，故为虚像。

（五）物体在焦点和镜面间

则也在镜后生成比原物大的正立虚像，如图110（丙）。

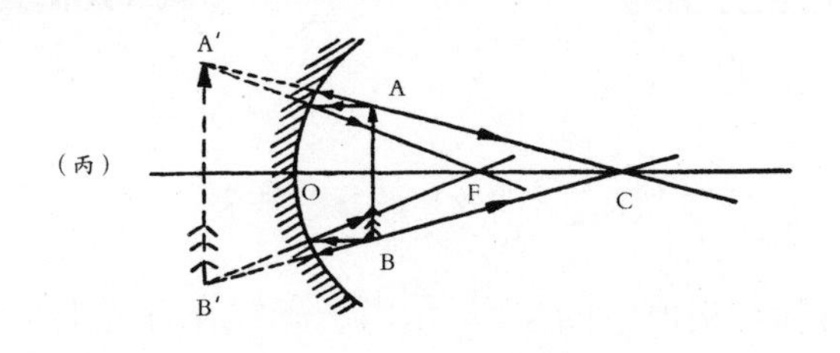

图110（丙） 凹面镜所成的像

凸面镜所成的像，因反射光线在镜前无会聚点，必须反向延长各反射线，才可在镜后生成一个比原物小的正立虚像，如图111。

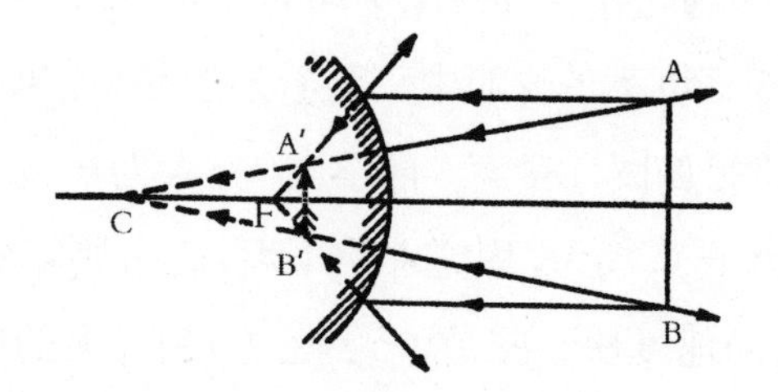

图111 凸面镜所成的像

光的折射

实验25. 如图112（甲），在盆底放一枚硬币或其他不易在水中浮起的物体，向后远立观望，直到看不见此物为止。然后往盆中注水，则此物好像又浮起来，可以被看到了一样。又如图112（乙），将笔杆斜放入水中，则可看见笔杆在水中的部分也呈浮起的现象。

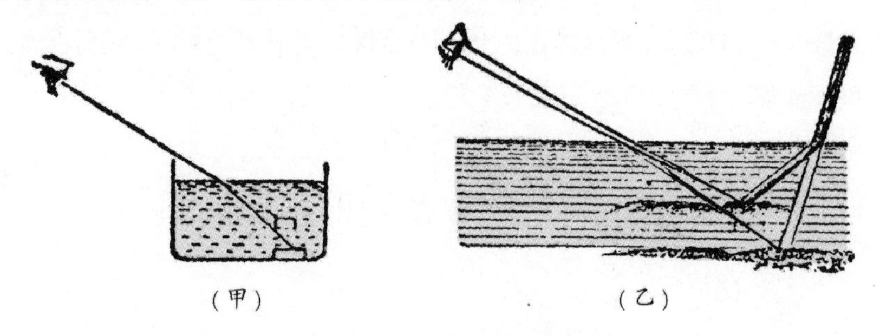

图112 水中物体的折射现象

上面这个实验结果产生的原因，是由于光线在行进的过程中，由一介质进入另一介质时，如果两介质的密度不同，光线就在两介质的界面改变方向。光线在疏密不同的介质面上，改变行进方向的现象，叫作光的折射（Refraction of light）。

光的折射是因为光在各种密度不同的介质中，行进速度有快有慢所产生的现象。光在密度大的介质中，行进速度比在密度小的介质中慢，可用下面的比喻说明：如图113，有一队学生，五人为一列，以整齐的步伐在广场中行进。但在这广场中，甲方非常平坦，乙方则崎岖难行，所以这支队伍在甲方行进的速度快一些，而一到乙方，每个人的速度都变慢了。当AB列左端的第一个人踏进乙方时，速度立即减小，但他右边的人仍以原来的速度行进。这样，当AB列左端的第二个人踏进乙方时，速度立即减小，而他右边的人仍以原来的速度行进，直到AB列到达A'B'的位置，最右端的人也踏进乙方时，全列行进的速度才相同。AB列如此，其他各列也如此，结果导致全队行进的方向发生改变。

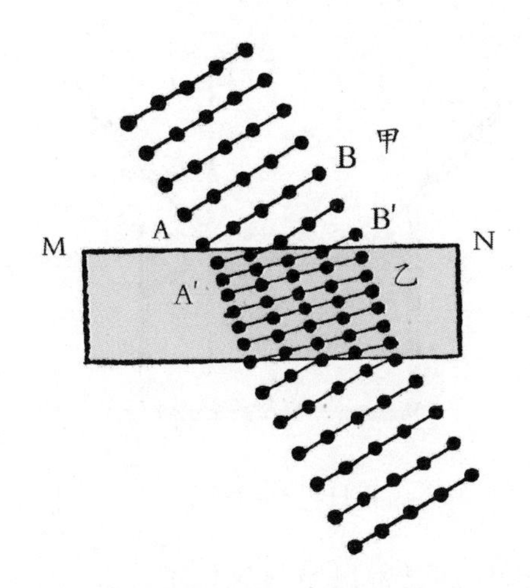

图113 光的折射说明

光的行进也是如此。如图114，光线AB由空气斜射于水面，因水的密度比空气大，所以自入射点B起，就向法线EE'偏折，而向BM的方向行进。若在水底放一个平面镜M，使反射光线MC由水中进入空气，则自入射点C起，就离法线FF'偏折，而向CD的方向行进。由此可知，当光线由密度小的介质进入密度大的介质中时，折射线（Refracted ray）如图114中BM，常向界面的法线偏折，折射角（Angle of refraction）E'BM比入射角ABE小。若由密度大的介质进入密度小的介质中时，折射线如图114中CD，常离界面的法线而偏折，折射角FCD比入射角MCF'大。由实验可知，光的折射定律（Law of refraction）为：（1）入射线、折射线和法线都在同一平面内，而折射线和入射线各在法线两侧；（2）光线在两介质中的速度的比值常保持一定，叫作折射率（Index of refraction）。这个定律是由荷兰斯涅尔（Willebrord Snellius）所确定，所以又叫作斯涅尔定律（Snell's law）。

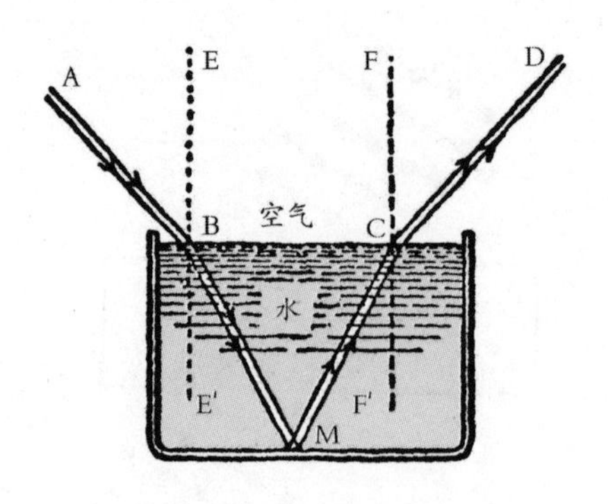

图114 光的折射

各种物质的折射率通常都以空气为标准。设光在空气中的行进速度为V_1，在物质中的行进速度为V_2，则这物质的折射率N为

$$N=\frac{V_1}{V_2}\quad 即\quad 折射率=\frac{光在空气内行进的速度}{光在物质内行进的速度}$$

例如，光由空气射入水中，因为光在空气中的速度和光在水中的速度的比为$\frac{4}{3}$，所以水对于空气的折射率为1.33。各种重要物质的折射率如下表：

水	1.33	酒精	1.36	冰	1.31
玻璃	1.5−1.7	二硫化碳	1.63	金刚石	2.417

若已知某物质的折射率，由一定的入射角，即可求出它的折射角。由实验可知，折射率的数值离1越远，就是两介质中的速度的相差较大，则光线的偏折越大。

当光线由密度大的介质进入密度小的介质中时，例如光线由水中进入空气中时，折射角比入射角大，这在上面已讲过。若入射角越大，则折射角也越大，在空气中的折射线也越离法线而偏折。直到入射角达到某个角度，折射角为90°时，光线就沿着界面而折射，如图115中的粗线。此时的入射角，叫作临界角（Critical angle）。若入射角再大于临界角，如图115中的光线LO，则光线射至界面时不再折射至空气中，而反射至水中，此时的界面恰和平面镜的作用一样。这种反射的现象，叫作全反射（Total reflection）。各种介质的密度不同，所以它们的临界角的大小也各不相同。例如，光线由水进入空气中时的临界角是48.5°，由玻璃进入空气中时的临界角是4.15°，由金刚石进入空气中时的临界角是24.5°。所以，金刚石的反射现象最显著，表面常有闪烁的光辉。

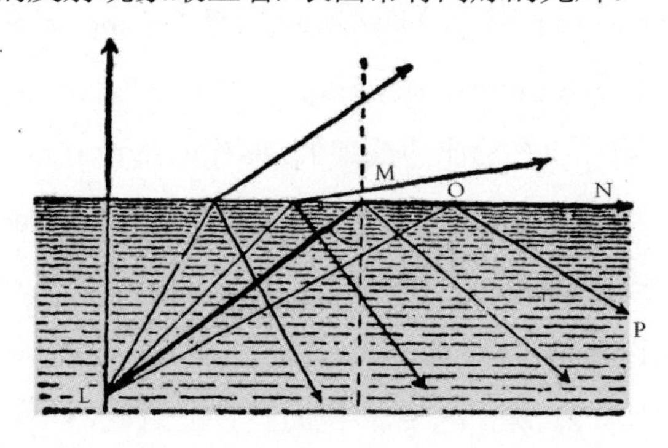

图115 全反射

玻璃等透明体所制成的三角柱状的棱镜（Prism），如图116的（甲）。图116（乙）为横断面，A、B、C叫作棱镜角（Angle of prism）。如果平置棱镜，使A角在上，光线SE由侧面AC射入棱镜，得折射线EF，至F时出棱镜入空气，再起折射而成FD，在D处见S的像在S'处，比原位置高。由此可知，光线经过棱镜时，发生两次折射，常离棱镜角向物质原处而偏折。

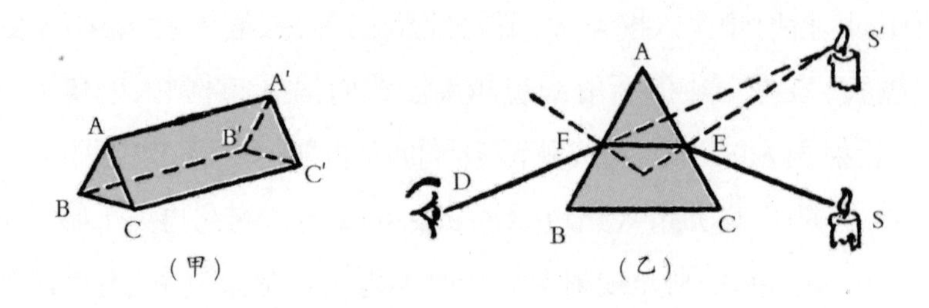

图116 棱镜和棱镜的折射

以玻璃等透明体制成两侧面为球面，或一侧面为平面，一侧面为球面的薄片，叫作透镜（Lens）。有中央部分比边缘厚的，叫作凸透镜（Convex lens）。凸透镜可分为三种，如图117的（1）叫作双凸透镜（Double convex lens），（2）叫作平凸透镜（Plano convex lens），（3）叫作凸月透镜（Convex meniscus lens）或凹凸透镜（Concave convex lens）。有中央部分比边缘薄的，叫作凹透镜（Concave lens）。凹透镜也可分为三种，如图117的（4）叫作双凹透镜（Double concave lens），（5）叫作平凹透镜（Plano concave lens），（6）叫作凹月透镜（Concave meniscus lens）或凸凹透镜（Convex concave lens）。透镜的中央一点，叫作中点。通过中点和镜面垂直的直线，叫作透镜轴（Axis of lens）。

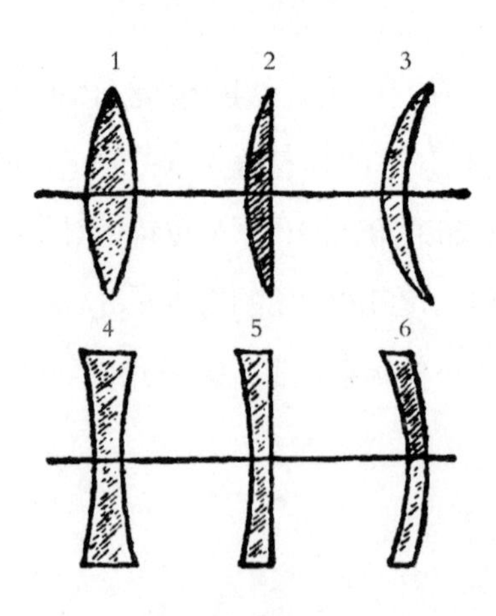

图117 透 镜

透镜上均有一个特别的点，如果通过透镜的光线经过此点，它的方向不发生改变，与由其他部分通过的光线不同，这点叫作光心（Optical center）。在双凸透镜和双凹透镜中，如果两侧的曲率相等，透镜的中点就是光心。在平凸透镜或平凹透镜中，物曲面的中点就是光心。通常以透镜的中点为光心。

透镜因中央和边缘的薄厚不同，所以透镜可以当作很多个三棱镜集合而成。如图118，（甲）为凸透镜和凹透镜，（乙）为分作若干部分的截头棱镜。所以，当光线通过透镜时，它折射的情形和通过棱镜的折射相同，即常向物质厚处偏折。

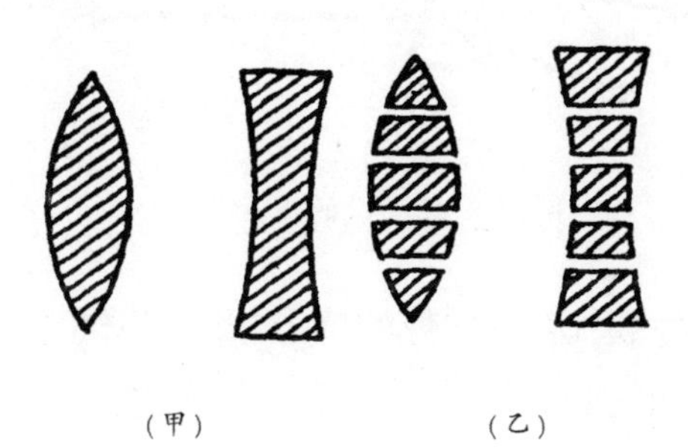

图118 透 镜

当平行光线经过凸透镜时，折射后均会聚于轴上的一点F，如图119，这点叫作实焦点（Real focus）。若将太阳光线透过透镜时所会聚的一点（即F）射于纸上，即可起燃烧作用。焦点和透镜中点的距离，叫作焦距。因为各种凸透镜对光都有会聚作用，所以凸透镜又叫作会聚透镜（Convergent lens）。

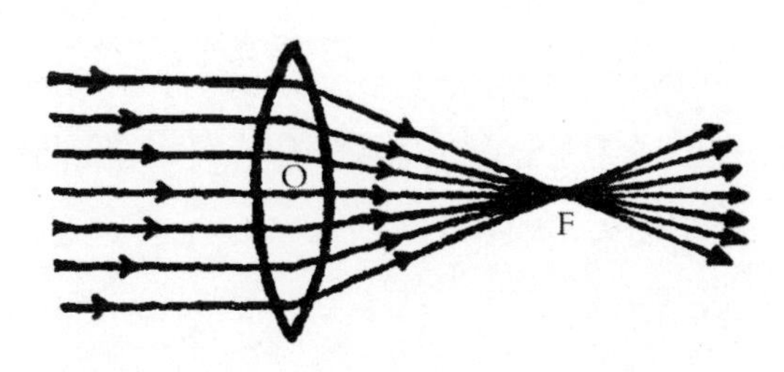

图119 凸透镜的焦点

若平行光线经过凹透镜时，折射光线即向四处发散，如图120，如果反向延长这些散射光线，也能会聚于轴上的一点F，这点也叫作焦点，但这焦点并非是真的光线会聚点，所以叫作虚焦点（Virtual focus）。虚焦点到透镜中点的距离，也叫作焦距。因为各种凹透镜对光都有发散作用，所以凹透镜又叫作发散透镜（Divergent lens）。

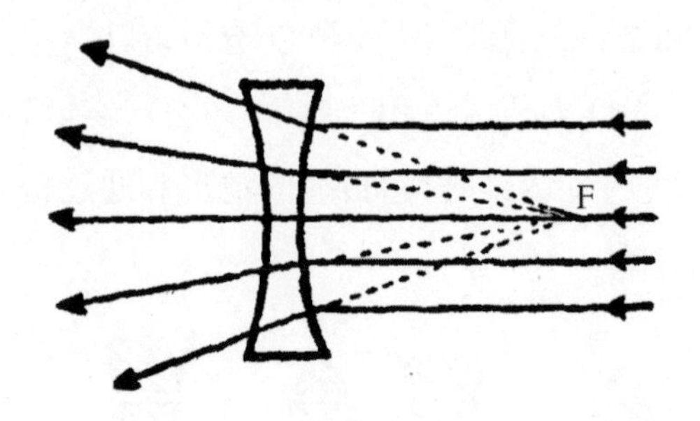

图120 凹透镜的虚焦点

凸透镜的成像也和凹透镜成像的情形相同，有倒、正、大、小、虚、实的差别，分述如下：

（一）物体在凸透镜的二倍焦距外，则在凸透镜的另一侧生成倒立的实像，比实物小，如图121（甲）。

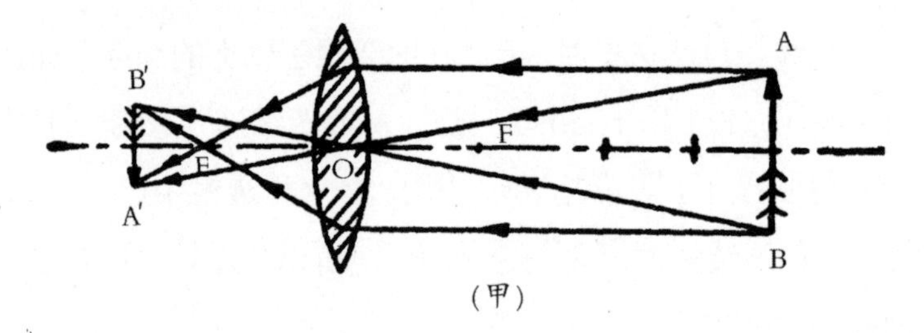

图121（甲） 凸透镜所成的像

（二）物体在凸透镜的二倍焦距内、焦点外，则在凸透镜的另一侧生成倒立的实像，比实物大，如图121（乙）。

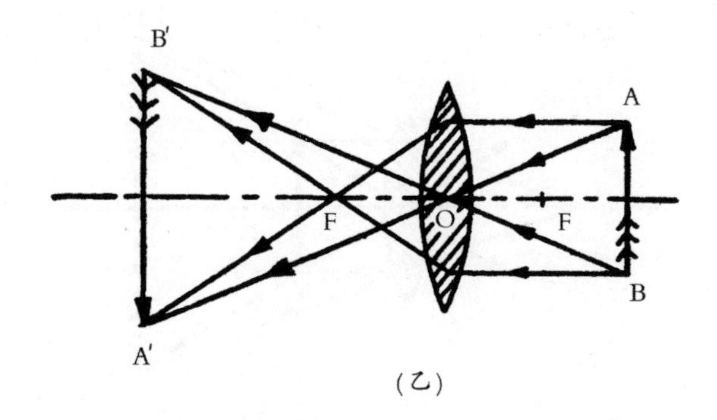

图121（乙） 凸透镜所成的像

（三）物体在凸透镜的二倍焦距上，则在凸透镜的另一侧生成与实物同大的倒立实像，如图121（丙）。

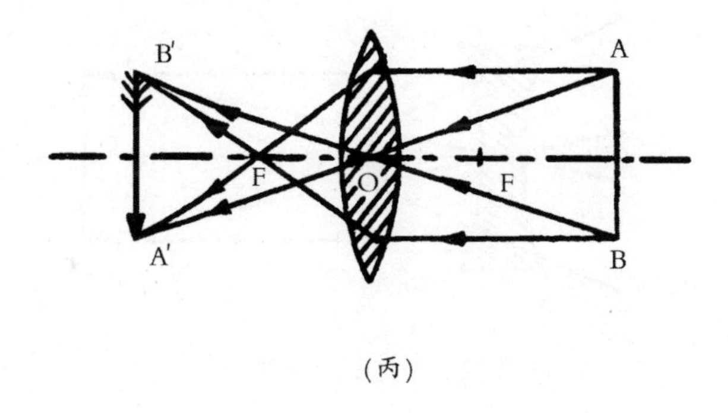

图121（丙） 凸透镜所成的像

（四）物体在凸透镜的焦点内，则在凸透镜的同侧生成正立的虚像，比实物大，如图121（丁）。

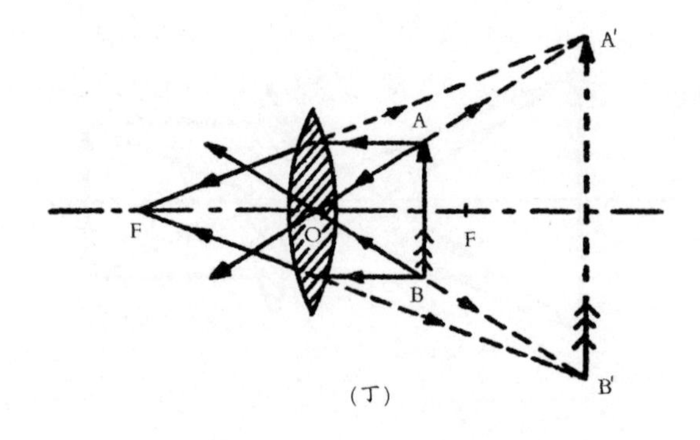

图121（丁） 凸透镜所成的像

凹透镜因折射光线向外发散，所以生成的像常为正立的虚像，和实物在同侧，比实物小，如图122。

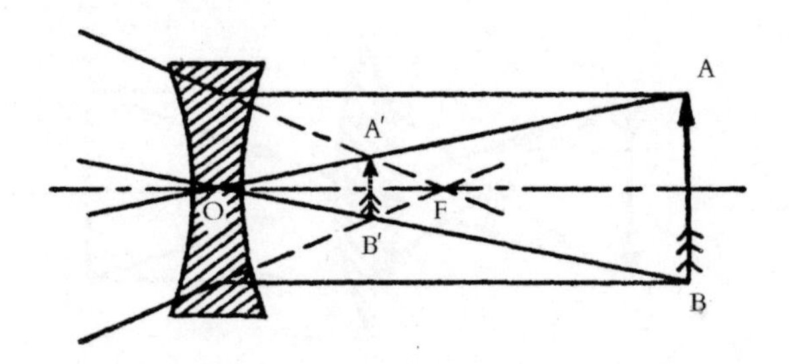

图122 凹透镜所成的像

眼的补助

近视眼或远视眼的人所戴的眼镜（Spectacles），就是应用凹透镜发散光线和凸透镜会聚光线的原理所制成的。因为人眼的构造，在角膜（Cornea）内的晶状体（Crystalline lens）类似一面凸透镜。眼球后壁有视网膜（Retina），是由视神经（Optic nerve）的神经细胞（Nerve cells）所组成。当物体发出的光线经过晶状体时，就成像于视网膜上，由视神经产生视觉。晶状体由筋肉的伸缩改变其弯曲度，使它的焦距增减。

故无论物体远近，都可成像于视网膜上，这叫作眼调节（Accommodation of eye）。如果晶状体的弯曲度过大，或眼球特别深，视网膜在晶状体的焦距以外，那么物体I发出的光线，经过晶状体后，所成的像在视网膜之前，如图123（1）的I'，所以看到的物体就不清楚。不能清楚地看到远处的物体，这叫作近视眼（Short-sighted eye 或 Myopic eye）。必须用凹透镜所制的眼镜，使光线先经过凹透镜向外发散，再进入眼中，就可使所成的像落在视网膜上，如图123（1）的I″，才能看得清楚。

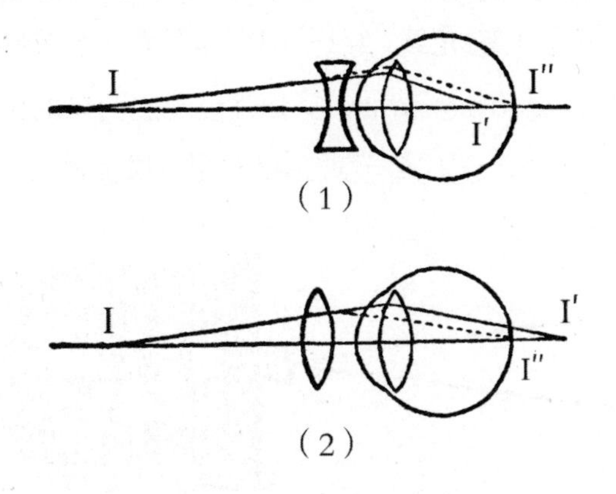

图123 眼睛的调节作用

如果晶状体的弯曲度太小，或眼球浅，视网膜在晶状体的焦距内，那么物体I所发出的光线，经过晶状体后，所成的像在视网膜之后，如图123（2）的I'。不能清楚地看到近处的物体，这叫作远视眼（Farsighted eye 或 Hypermetropic eye）。必须用凸透镜所制的眼镜，使光线先经过凸透镜向内会聚，再进入眼中，就可使所成的像落在视网膜上，如图123（2）的I″，才能看得清楚。

普通眼镜的度数向来用透镜焦距的英寸数来表示，例如，焦距15英寸的眼镜，就是15度。近来，度数的记法采用焦距米数的倒数，例如，焦距1米的眼镜就是1度，焦距$\frac{1}{2}$米的眼镜就是2度，焦距0.1米的眼镜就是10度。所以，度数越大，透镜的弯曲度也越大，折射光的本领越强。

照相机和影片

在本章的第一节中，我们曾讲到过针孔照相机可以使针孔前的物体在暗箱（Camera obscura）后面的毛玻璃或油纸上映出。若把暗箱改成可以折合、伸缩的，使它的长度可以调准，且针孔可以放大。在针孔上放一个凸透镜L，如图124，箱后插一块毛玻璃板S，就成了一个照相机（Camera）。物体AB所发的光线，经透镜射入暗箱至毛玻璃上，将暗箱的长度调准，对光（Focussing）精准，板上就会现出明显的倒像ab。若用有感光性的干片（Dry plate）代替毛玻璃的位置，像就映在片上。

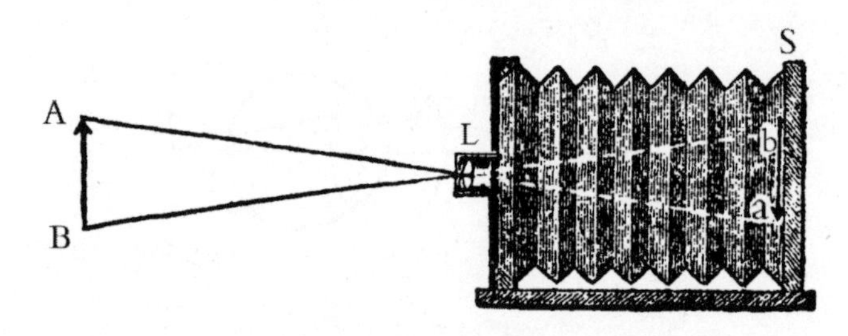

图124 照相机的原理

经过一定时间，使片上起化学作用，再先后用显影（Developing）和定影（Fixing）两种溶液浸过，在水中冲洗，即可得到和原物明暗相反的负片或底片（Negative plate），如图125左。再用感光纸放在底片后面，在太阳光或强光下使它曝光（Exposing），然后分别用显影和定影两种溶液浸过，即可得到和原物相同的正片（Positive plate），即俗称的相片，如图125右。

图125 负片和正片

如果将照相机所照的相印在透明的薄胶片上，就成为画片，即幻灯片(Lantern slide)。将它倒插在幻灯(Magic lantern)P框内，如图126，用凸透镜L会聚电灯A的光，射在画片上，通过画片的光，再经过凸透镜L′射至白幕S上，即得放大的像。

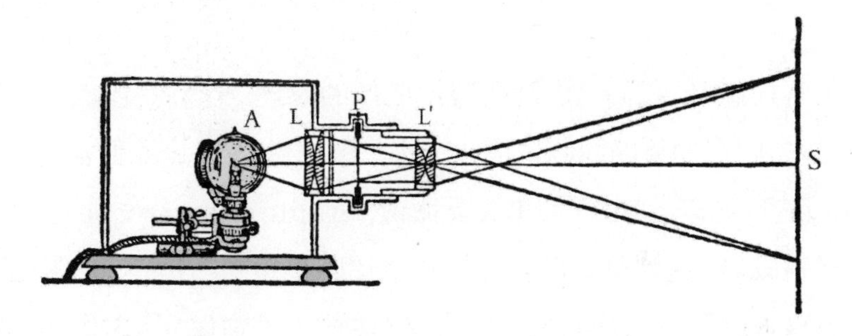

图126 幻 灯

人眼的视神经受光刺激后在$\frac{1}{16}$秒内，可残留而不消失，这叫作视觉暂留(Persistence of vision)。例如，雨滴下落，视为线条；电扇急转，叶片连续转动。所以，利用这个原理，以每秒十余次的速度，摄成连续活动体的相片，制成一长卷的软片，装在特制的、可以使软片移动的幻灯上，如图127，使软片连续移动，则幕上所映的像也连续改变，宛如实物的运动。我们看了并不觉得间断，就成为活动影片(Cinematograph 或

Moving picture)。

图127 活动影片机

显微镜和望远镜

在第五节中，我们已讲过凸透镜成像的原理。若将物体放在凸透镜的焦点内，则在物体的同侧生成比实物大的虚像。所以，我们常见的放大镜（Magnifying glass）和单式显微镜（Simple microscope），就是应用此理制成的。这种单式显微镜是一个焦距很短的凸透镜，如图128，将微小的物质放在凸透镜的焦距内，即生成放大的虚像。这虚像和实物大小的比，叫作放大率（Magnification）。

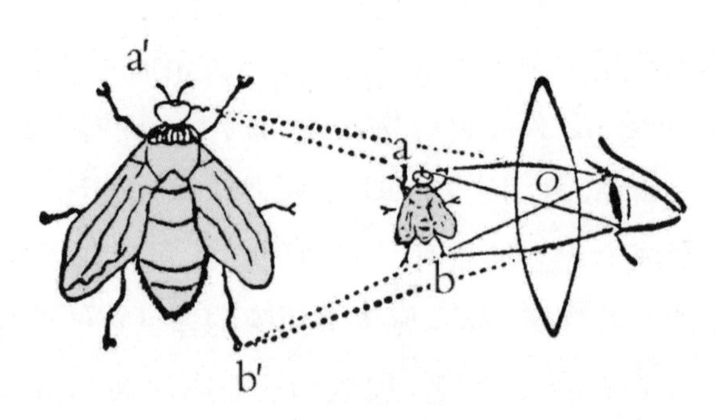

图128 单式显微镜

因单式显微镜的放大率不大，所以不适用于极微小的物体。要观察极微小的物体，必须用复式显微镜（Compound microscope），如图129。用一个直立的金属圆筒，上下两端各装一个或数个凸透镜。筒下有一个台夹，将台夹置于要观察的极微小的物体上。台下有一个凹透镜。可将光线反射到极微小的物体上，使它的光线明朗。圆筒下端的凸透镜的焦距很短，和物体接近，叫作物镜（Objective）。圆筒上端的凸透镜的焦距较长，叫作目镜（Eyepiece 或 Ocular）。圆筒可用螺旋使它上下移动，调节光线，生成清楚的像。

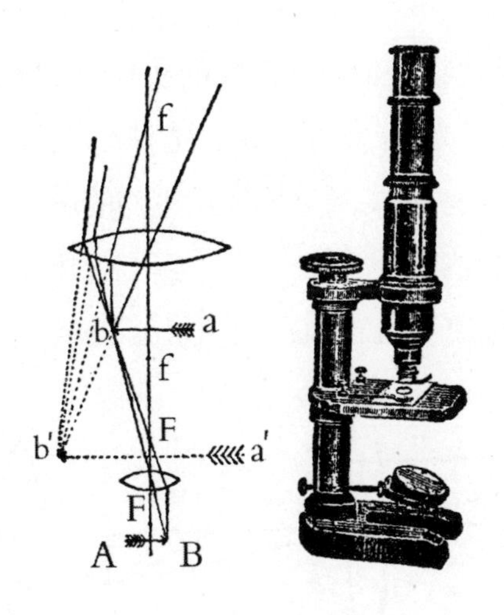

图129 复式显微镜

当极微小的物体AB放在物镜焦点F外时，它的实像ab恰在目镜焦点f内。所以，由目镜望去，可以看见a'b'的放大虚像。a'b'和AB的比，叫复式显微镜的放大率。

望远镜（Telescope）是观察天体或地面上远处物体的器械，它的构造和显微镜类似，如图130。望远镜是由一组可以自由伸缩的长筒，筒的两端各装置一个凸透镜构成的。但物镜的焦距很长（耶克斯天文台望远镜的焦距长2000厘米），而目镜的焦距却很短。

图130 望远镜

当远处物体AB经过物镜时，所生成的实像ab恰在目镜的焦距内，如图131，用目镜放大，就得虚像a'b'，这种望远镜叫作天文望远镜（Astronomical telescope），所见的像是实物的倒像。如果在ab像的右方插入一个凸透镜，就可得到一个对于实物正立的像，再用目镜放大，这种望远镜叫作地面望远镜（Terrestrial telescope）。

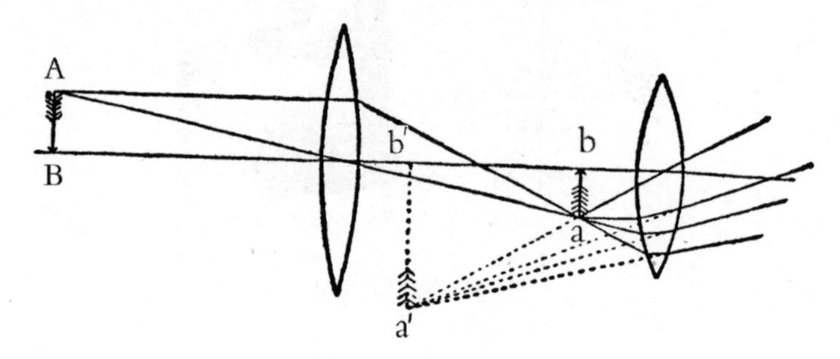

图131 天文望远镜

另有一种望远镜，它的物镜为凸透镜，而目镜为凹透镜，所生成的像和实物一样正立，如图132，这叫作伽利略望远镜（Galileo telescope）。

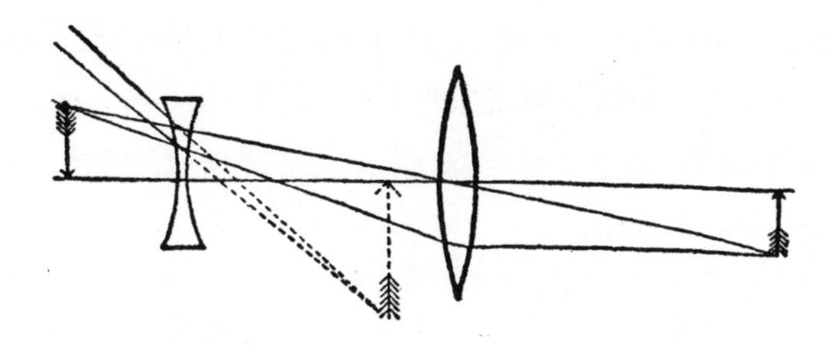

图132 伽利略望远镜

还有一种望远镜，是由两个地面望远镜所制成，在两个透镜中间插入两个直角棱镜（Right-angled prism），如图133。由物镜进入的光线，经棱镜的四次全反射，也可将倒像转正，这种望远镜叫作棱镜双筒望远镜（Prism binocular）。

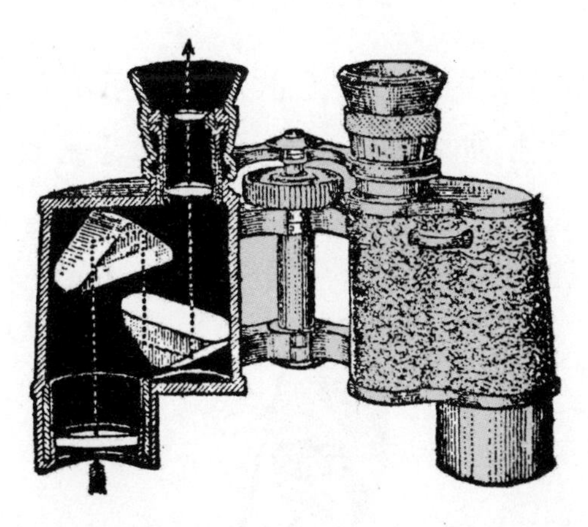

图133 棱镜式双筒望远镜

虹霓和物体的颜色

日光从窗隙中射入，再射至三棱镜上，就见日光经棱镜折射后，不再改变方向，而且分散成美丽的色带，如图134。其中主要的颜色依次为红、橙、黄、绿、蓝、靛、紫等，这种现象叫作光的色散（Dispersion）。由色散所呈现的彩色光带，叫作光谱（Spectrum）。日光所成的光谱，叫作太阳光谱（Solar spectrum）。

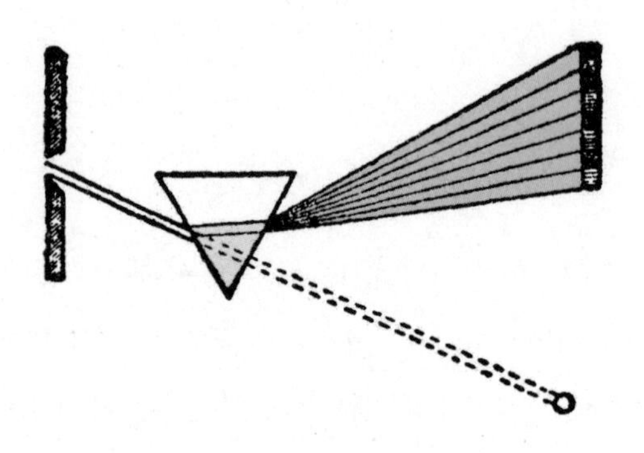

图134 光的色散

如上所述，日光可由棱镜使它色散为七色。我们若用一块圆板，依次涂上分布均匀的七色，如图135，迅速回转圆板，于是七色混合，看上去就像是白色板。由此可知，太阳的白光是由红、橙、黄、绿、蓝、靛、紫等颜色所合成。这个涂七色的圆板，叫作牛顿色盘（Newton's disk）。

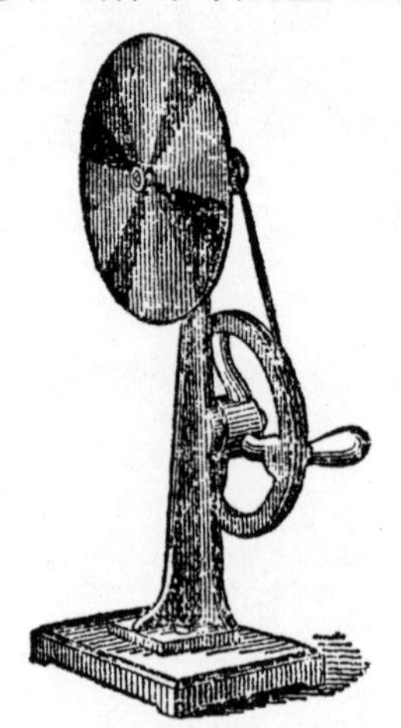

图135 牛顿色板

白色光线通过棱镜时为什么会发生色散呢？这是因为各色光在玻璃内行进的速度不同，于是棱镜对于各色光的折射率也就互异，所以，通过棱镜后所产生的偏折也不同。红色光在玻璃中的行进速度最快，折射率最小，所产生的偏折也最小；紫色光在玻璃中的行进速度最慢，折射率最大，所产生的偏折也最大；其他各色光的行进速度介于两者之间，所以折射率及偏折也介于两者之间，于是各色光就色散而成一定的光谱。但日光所含的色光数非常多，所以光谱中的色光不止这七色。光谱中色与色之间并无显著的分界，上述的七色不过是光谱中比较鲜明的色光罢了。

光谱可分为发射光谱（Emission spectrum）和吸收光谱（Absorption Spectrum），现分述如下：

（一）发射光谱是物质发光时所产生的，又可分为下列两种：

（1）连续光谱（Continuous spectrum）是由紫至红各色光连续排列，且不间断的光谱，例如，由蜡烛或电灯丝及白炽固体、液体等所发的光生成。但在温度较低时，则仅可看见红色附近的一段光谱。

（2）线光谱（Line spectrum）又叫明线光谱（Bright line spectrum），是由许多明线并列而成，它的背景或完全黑暗，或略呈连续光谱的色彩，是由各原质在气体状态时所发出的光而成。

（二）吸收光谱是在连续光谱上有若干暗线或暗带的光谱，所以又叫作暗线光谱（Dark line spectrum）。当发生连续光谱的光线透过温度比光源低的透明气体、液体或固体时，被吸收一部分，因而发生暗线而生。我们试将太阳光谱加以精密的检查，即可见有无数暗线分散在光谱上，每条暗线都有一定的位置，其中最明显的有A线、B线、C线、D线、E线、F线等，是德国人夫琅和费（Fraunhofer）所发现的，故统称为夫琅和费谱线（Fraunhofer lines）。

夏日雨后常见天空中呈现美丽、可爱的彩色圆弧，这叫作彩虹（Rainbow）。虹霓的成因也是由于光线的反射、折射而产生的。当雨后初晴，空中还浮有大量水滴时，如图136的ABVR，太阳光线S射至水滴A点，就折射而入水滴内。因各色光线的折射率不同，于是立即发生色散，各色光分别投射在V和R，及VR之间。这时，若入射角大于临界角，则折射光线发生全反射而至B，再经折射而入大气，成为红色在外、紫色在内的七色彩弧，就是主虹（Primary rainbow）。如果太阳光线在水滴内，除普通的折射和反射外，再多经过一次全反射，则射出的光线所成的七色彩弧的排列次序和主虹相反，紫色在外，红色在内，就是霓（Secondary rainbow）。因为霓多经过一次全反射，所以比主虹暗淡，不易被看到。

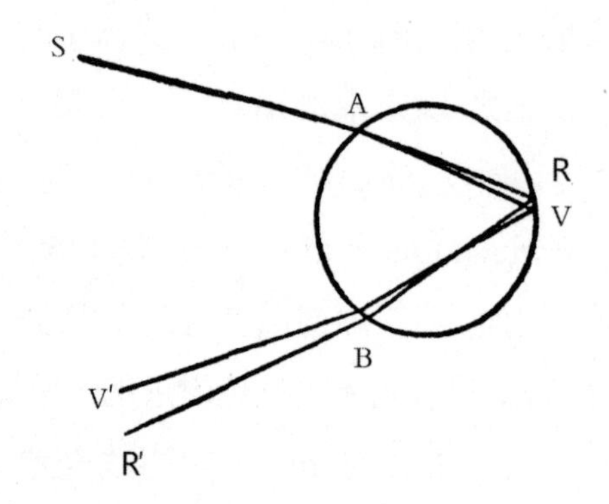

图136 虹的成因

当棱镜将太阳光色散时，若将红布放在光谱的各部分，则除红色光外，其他各部分都有些黑暗。若将蓝布放在光谱的各部分，则除蓝色光外，其他各部分也都有些黑暗。由此可知，红布在太阳光中只将红色光反射，其他各色都被吸收；蓝布在太阳光中只将蓝色光反射，其他各色都被吸收。此种由白光中只反射一种光的现象，叫作选择反射（Selective reflection）。因为不透明体有选择反射的本领，所以我们才可以分辨出它们的颜色。

至于隔着透明体所能看见的颜色，则是由于光线通过透明体时，不被吸收的色光所致。例如，当太阳光通过红色玻璃时，只有红色光不被吸收可以通过，其他各色光都被吸收，所以我们看到是红色。蓝色玻璃只可通过蓝色光，所以我们看到的是蓝色。若用七色的玻璃重叠，则各色光全被吸收，于是就成了黑色。

Chapter 8

磁体的性质

在铁矿中有一种磁铁矿（Magnetite），它的主要成分是四氧化三铁（Fe_3O_4），有一种吸引铁质的特性。如果把它放在铁屑中间，然后提起，那么就有许多铁屑吸附在上面，这叫作天然磁铁（Natural magnet）。若用磁铁矿和钢铁棒相摩擦，这钢铁棒也立刻具有吸引铁质的磁性，这叫作人造磁铁（Artificial magnet）。人造磁铁多种多样，如条形磁铁、蹄形磁铁、磁针等，如图137、138、139所示。

图137 条形磁铁

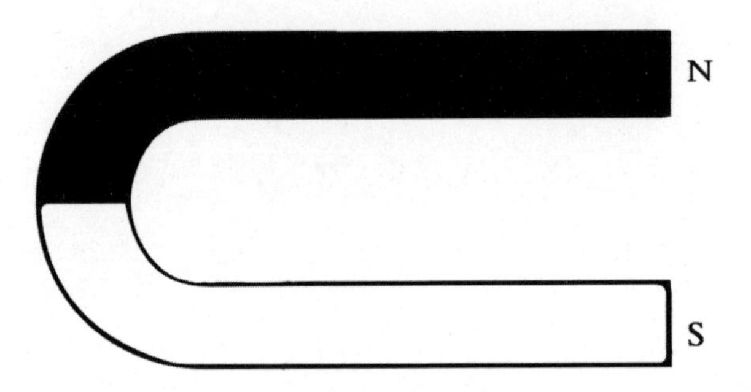

图138 蹄形磁铁

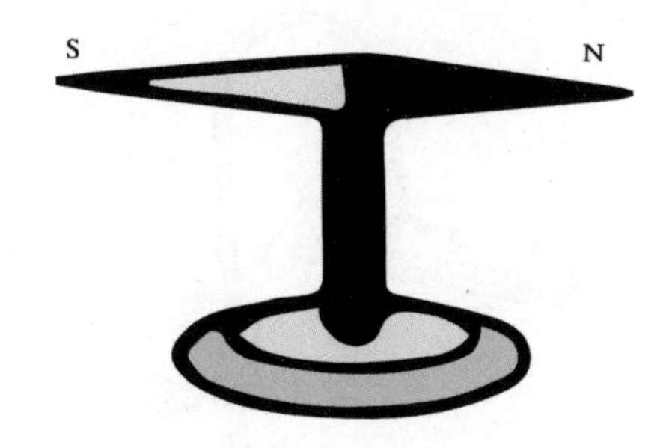

图139 磁 针

磁铁各部分的吸引力的大小不同。试将条形磁铁放入铁屑中，取出观察，可见两端吸了很多铁屑，中央部分几乎没有铁屑。由此可见，磁铁两端的吸引力最强，这叫作磁极（Magnetic pole），或简称“极”（Pole）。每块磁铁都有两极，不会只有一极而存在。

用线系住条形磁铁的中央，然后将它悬挂在空中，等磁铁静止时，它的方向一定大致上指着南北。再将它任意拨动，等静止时，两端所指的方向仍和以前相同。这指北的一端叫作北极（North Pole），用N表示；指南的一端叫作南极（South Pole），用S表示。

如图140，在空中悬挂一块条形磁铁，用另一块磁铁的北极接近悬空磁铁的北极，则见二者互相排斥；若用另一块磁铁的南极接近悬空磁铁的北极，则见二者互相吸引。由此可知，两块磁铁的同极互相排斥，异极互相吸引。这种互相排斥、吸引的力，叫作磁力（Magnetic force）。由精确的实验可知，两极间作用的磁力和两极的磁性强度成正比，和两极距离的平方成反比，这叫作库仑定律（Coulomb's law）。

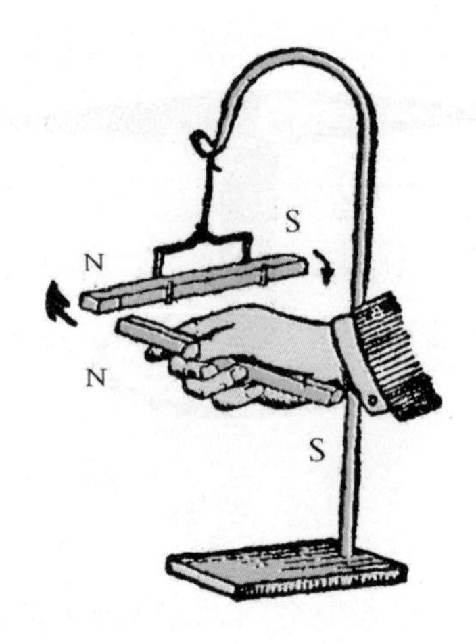

图140 磁 力

实验26. 如图141，将一个小铁钉吸附于条形磁铁的一端，则钉下可连续悬挂数个小铁钉而不脱落。若手持第一个小铁钉，移去磁铁，则下面所吸附的小铁钉全部脱落。

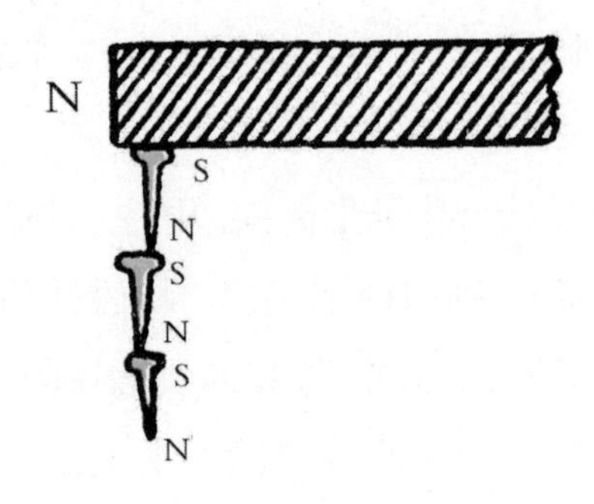

图141 磁感应

由上可知，当小铁钉和磁铁接触时，受到了磁感应（Magnetic induction）而磁化（Magnetisation），产生磁性。用磁针（Magnetic needle）移近小铁钉的自由端，验出和磁铁接近的一端为异极，自由端则为同极。移去磁铁后，小铁钉上的磁性立即消失，所以下面的数个小铁钉全部脱落。这种因受磁感应而产生的磁性，离开磁铁即消失磁性的磁体，叫作暂时磁铁（Temporary magnet）。钢比铁难于磁化，但磁化后，磁性就不易消失。人造磁铁即由钢制成，这种磁铁叫作永久磁铁（Permanent magnet）。我们试将小刀在磁铁上摩擦，使它受到磁感应而磁化，就可变为永久磁铁，可以吸引小铁针，除非打磨、加热，或用铁锤敲打，否则磁性不会消失。

实验27. 如图142，将一块长方形玻璃板置于条形磁铁上，在玻璃板上散布铁屑，轻击玻璃板，就可见铁层分布如弧形。

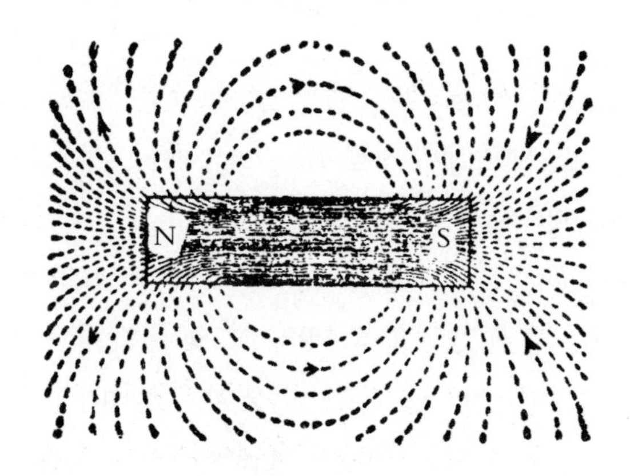

图142 *磁力线*

由上面的实验可知，铁屑因受条形磁铁的磁感应各成小磁铁，又因受条形磁铁两极的作用排列成曲线，这曲线叫作磁力线（Magnetic line of force）。通常假定磁力线由磁铁的北极发出而回到南极。磁铁附近有磁力线通过的部分叫作磁场（Magnetic field）。在单位面积内通过磁力线的多少，叫作磁场强度（Magnetic field intensity）。

地磁和罗盘

我们所在的地球实在是一个大的磁铁。在地理上所说的北极附近是地磁（Terrestrial magnetism）的南极，在地理上所说的南极附近是地磁的北极。当磁针静止时，常指着一定的方向，就是这个原因。因为地磁的两极并非地球的两极，所以磁针所指的南北也并非地理上的南北。磁针在水平面内所指的方向，和地球的子午线所成的角叫作磁偏角（Declination）。

地磁的两极，磁性较强。如果用一个小轴支撑在磁针的中心，使它可以自由回转，则当磁针静止时，不呈水平状态，而发生倾斜。磁针和水平面因倾斜而成的角，叫作磁倾角（Dip 或 Inclination）。磁倾角随位置而异，越靠近地磁的两极，倾斜越大。由实测可知，磁针的北极在北半球下倾，在南半球上倾，直到磁倾角等于90°时，即磁针垂直于地面的地方，就是地磁的极。若磁倾角等于0°时，即磁针和地面平行的地方，叫作地磁赤道（Magnetic equator）。地磁赤道和地理上所说的赤道并不一样，如图143所示。

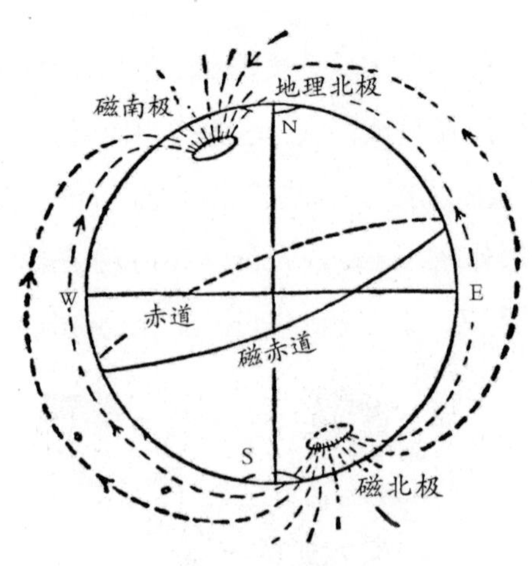

图143 磁极的位置

既然一个地方的磁倾角和磁偏角都可通过测量得出，那么这个地方的磁场的方向就可确定。若再测量这地方的磁力的水平分力，就可以确定地磁的水平磁力(Horizontal component of earth field)。综合磁偏角、磁倾角和水平磁力，叫作地磁的三要素(Three elements of terrestrial magnetism)，为研究地磁的要素。

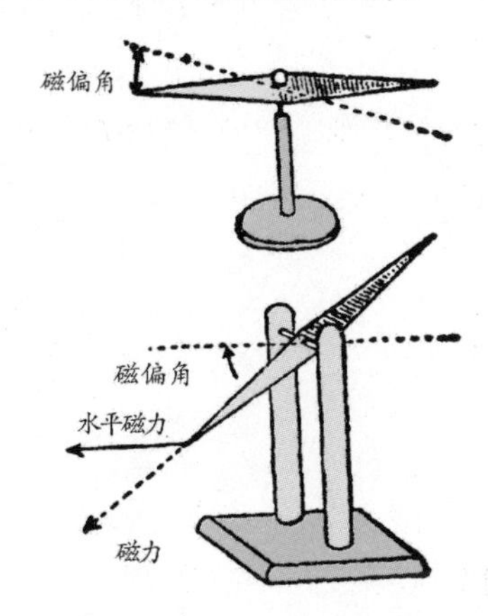

图144 磁偏角、磁倾角和水平磁力

罗盘(Compass)俗名指南针，为我国先哲所发明，于十三世纪传入欧洲，是辨别方位的装置。它的主要部分为一个极轻的圆盘，如图145，表面划分32等分，以表示方位。盘内附有数个磁针，装在水平位置。盘的中心支于一个针尖上。盘外有保持水平的装置，可使盘自由转动，不受船体摇动的影响。容纳圆盘的内箱附有和盘首方向一致的指标，依这个指标所指出圆盘上的方位，即可知船行进的方向。

图145 罗 盘

Chapter 9

纸屑的跳舞

实验28. 如图146，用猫皮或皮制品摩擦硬橡皮棒或钢笔杆数次，或用绢布摩擦玻璃棒数次，然后靠近剪碎的纸屑上方，就见这纸屑时而吸附于棒上，时而飞回桌上，飞上飞下，好像在跳舞，有趣极了。

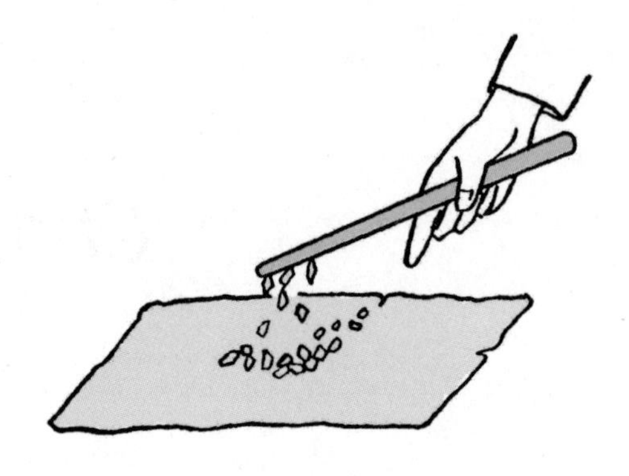

图146 电的吸引

由上面的实验可知，当硬橡皮棒或玻璃棒在摩擦后，即具有一种吸引和排斥轻物体的性质，这叫作带电（Electrification）。带电的物体叫作带电体（Electrified body），也说这物体带有电荷（Electric charge）。

实验29. 如图147，用通草球验电器（Pith-ball electroscope）将用绢布摩擦过的带电玻璃棒，移近通草小球旁，球即被吸引。球和玻璃棒接触后，就带有和棒上同样的电，故立刻被排斥、分离。这时，再将用猫皮摩擦过的带电硬橡皮棒移近这带电的通草小球，则球又被硬橡皮棒所吸引。

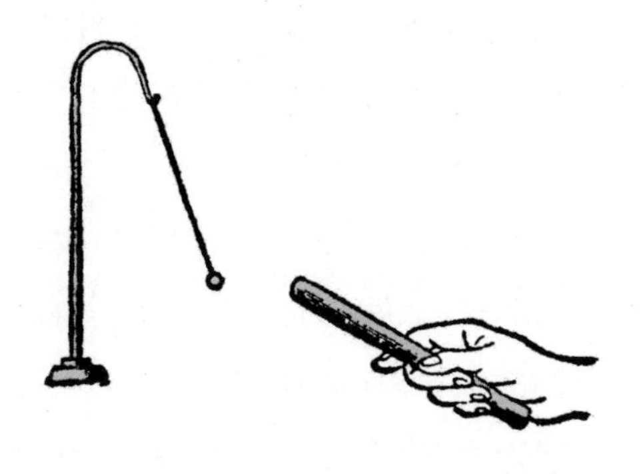

图147 通草球验电器

由上述实验可知，电有两种：同种电互相排斥，异种电互相吸引。通常以玻璃棒上所带的电，叫作阳电或正电（Positive electricity），用（+）号表示。硬橡皮棒上所带的电，叫作阴电或负电（Negative electricity），用（-）号表示。

通常检验物体是否带电，最便利的器械是金箔验电器（Gold leaf electroscope），如图148。它的构造是一个玻璃瓶，瓶塞的中间插一根金属棒，棒的下端悬有两条金箔条或铝箔条，上端有一个金属球或金属圆板。将带电体接触金属球或金属圆板时，金箔立即张开，则可知物体带电。同时可由金箔张开角度的大小，而知带电的多少。

图148 金箔验电器

上面所讲的带电体互相吸引、排斥的力，叫作电力（Electric force）。在带电体的周围，其他电荷能受到它的电力的区域，叫作电场（Electric field）。由实验可知，电力和带电体的电量（Electric quantity）成正比，和带电体间距离的平方成反比，这也叫作库仑定律。带电体所带的电量，由和另一个带电体所产生的电力而定。两个电量相等的带电体，在真空中相距1厘米时，若互相作用的力为1达因，则这两个带电体的电量为1单位。因为这个单位太小，所以常用它的3×10^9倍为实用单位，叫作库仑（Coulomb）。

电的传导

手持玻璃棒，用绢布摩擦，玻璃棒即变成带电体。若手持金属棒，用绢布摩擦，则金属棒并无带电的现象。但若在金属棒的一端装一个玻璃柄，手持玻璃柄，再用绢布摩擦金属棒，则金属棒立即带电。又若手持无柄的金属棒靠近带电的硬橡皮棒，这硬橡皮棒上所带的电也就消失了。由此可知，金属棒并非不能带电，只是由于金属棒和人体接触，所产生的电由人体传入地面罢了。

如上所说，带电体所带的电能由一个物质自由移至另一个物质的现象，叫作电的传导（Conduction of electricity）。易于传电的物质，叫作导体（Conductor），如金属、人体、木炭、石墨、湿土和酸、咸及盐类的水溶液等。不易传电的物质，叫作非导体（Non-conductor）或绝缘体（Insulator），如干燥的空气、琥珀、玻璃、火漆、硬橡皮、硫磺、绢布、毛皮、瓷器等。

电的感应

用附于绝缘架上的导体B，如图149，移近带电体A，那么导体B就因A的电力作用而产生电荷，这叫作静电感应（Electrostatic induction）。再用通草球验电器先与A接触，使它带有和A同样的电，然后将它移近B的两端，就见这球在近于A的一端被吸引，在另一端被排斥。由此可知，导体因感应而产生的电荷，在近于带电体的一端，产生异名的电。在远的一端，则产生同名的电。

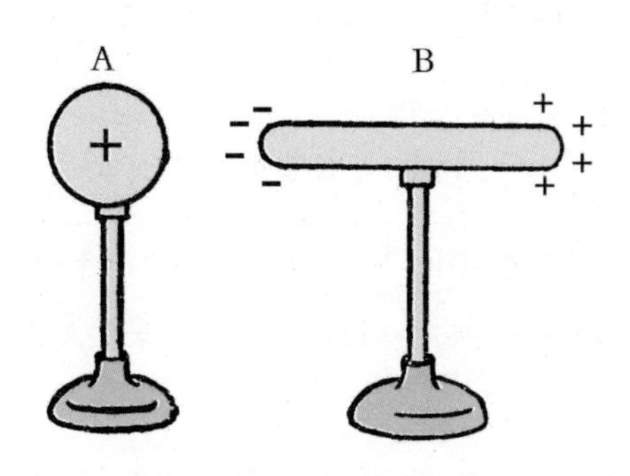

图149 静电感应（一）

如果再用一个导体C，放在B的右边，如图150（1），则C也因感应而产生电荷，近于B的一面产生异名的电，远于B的一面产生同名的电，和B由A感应所产生电荷的情形相同。假使用一条铜丝连接B、C，使它们成为一体，那么B上异名的电就移至C，C上异名的电就移至B，如图150（2）。此时如果取去铜丝，B、C两导体上所带的电就只各存一种电。即使将带电体A拿开，B、C上所带的电量也并不减少。

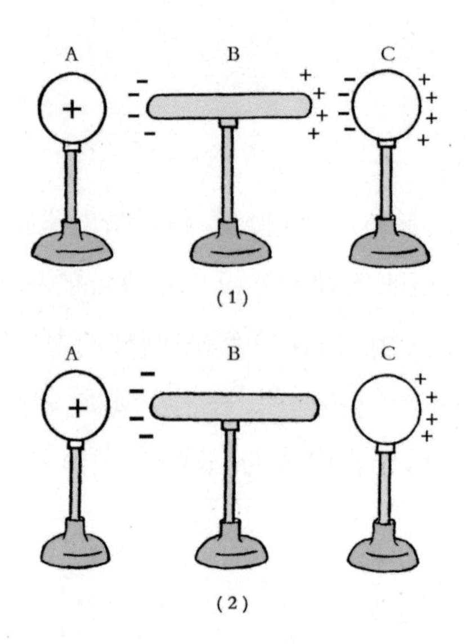

图150 静电感应(二)

通常使导体B只带一种电的方法,可不必用导体C,只用导线和地球相接触,或用手指接触B的一端也可以。因为地球和人体都是导体,所以功用和导体C一样。

起电盘(Electrophorus)就是利用上面所说的静电感应生电的装置。如图151,A为一端有绝缘柄的金属板,B为附着于金属底座的硬橡皮盘。使用时,先用猫皮摩擦或打击B盘,使它带有负电,然后将A板覆盖在B上。因为B面并非平滑,所以A和B仅有数点接触,由感应作用,A的底面产生正电,A的上面产生负电。此时如果用手指触摸A上,则A上的负电即由人身传入地球。移开手指,提起A板,板上则只带有正电,可以取用。B上所带的负电,并不因感应作用而减少。可再依法起电多次,不必再和猫皮摩擦。

图151 起电盘

起电机（Electric machine）也是利用静电感应生电的原理制成的，最普通的是维姆胡斯特起电机（Wimshurst influence machine）。它的主要部分，如图152所示，为两块等大的硬橡皮圆板或玻璃板，安装在同一个轴上，可作反方向转动。两板的外面各贴有许多锡箔小条，锡箔小条的外面各附有弓形的金属棒，棒端装有金属刷毛如A、B，和板面锡箔接触板的左右各有一对金属栉状物M、N，和两板的锡箔接近，由金属棒和两个金属球（极）P、Q连接。使用时，转动机下的摇手，因皮带的卷法不同，两块圆板就向反方向转动。于是各个锡箔因感应作用，一部分带正电，一部分带负电，各由金属栉传至金属球P、Q上。若P、Q上聚电多，且它们的距离适中，那么正负两电就穿破空气而发声，放火花而中和（Neutralization）——就是正电和负电相消，这个现象叫作火花放电（Spark discharge）。

图152 维姆胡斯特起电机

如果带电的导体有一部分成尖端突起，那么这尖端部分因聚集的电量很大，所以在近旁的微尘就由感应作用而被导体吸引。等到微尘与尖端接触后，就带有和导体同样的电，又被排斥。因此，尖端上的电极易失去，这个作用叫作尖端作用（Action of points）。这时的电随空气流动，叫作电对流（Electric convection）。所以，要想使带电体保留它所负的电荷，必须使它成为圆形，不可成为尖端，才较为妥当。下面几种实验就是尖端作用的表现，很有趣。

实验30. 在金属棒一端的圆球上附一个弯形的尖端，用起电机使它带电，再拿一根点燃的烛火接近尖端，因电的对流作用，可见烛焰被吹倾斜，这叫作电风（Electric wind）。

实验31. 将金属棒弯曲成轮形，尖端均指向一方，如图153，用支轮支撑尖端，然后用起电机使它带电，因带同性电荷的空气或微尘被拒远离，尖端受其反作用的影响，即背对着尖端所指的方向而后退，这叫作电轮

(Electric whirl)。

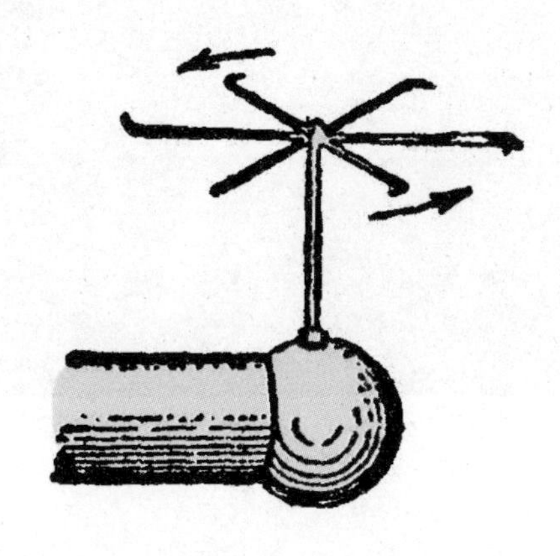

图153 电 轮

空中的雷电

大气中常带有大量电，通常晴天所带的是正电，雨天所带的则不一定，有时带正电，有时带负电。因此云中也带电，尤其是夏季的云所带的电量较大。如果有两朵云各带有大量异名的电互相接近，那就要冲破中间的空气而发生火花放电，和起电机所发生的火花放电类似。所发的声音，就是雷（Thunder）。所发的火光，就是闪电（Lightning），如图154。因为光的速度比声音快，所以我们常先看见闪电，后听到雷声。又因为声波的折射作用，所以雷声隆隆不绝。

图154 闪 电

如果带电的云和地面很接近，地面就由感应作用而产生异名的电，往往也冲破中间的空气而放电，摧毁房屋、伤害人畜，这叫作雷击（Lightning stroke）。为避免雷击，常在屋顶上耸立一根一端尖锐的金属棒，棒的下端用导线连接于深埋在湿土中的金属板上。雷雨时，地面上由感应作用所产生的电荷传至尖端，由尖端作用，随时和云中的电中和，不至于引起火花放电，这种装置叫作避雷针（Lightning rod），是由美国科学家富兰克林（Franklin）发明的，如图155。

图155 避雷针

当云中的电和地面感应所产生的电，火花放电时，遇到地面上的树木、房屋、人畜就假道而过。于是树木、房屋被摧毁，人畜死伤，这叫作触电。所以，在雷雨天时，我们不可外出，不可避于高墙或大树之下，不可穿湿衣服。在室内，不可靠近烟囱和自来水管等，以免发生触电的危险。

电和流体一样是会流动的

用连通管盛水，如果两边水面高低不平，则水就由高的一边流向低的一边，直到两边水面高低相等为止；连接温度不同的两个物体，使热可以自由传递，则温度较高的物体上的热逐渐传递到温度较低的物体上，直到两个物体的温度相等为止；两个带电的导体互相接触，或用导线相连，使电流可以自由传递，那么电也从电位（Electric potential）高的一方传向电位低的一方，直到两个导体上的电位相等为止。这种在导体上继续流动的电，叫作电流（Electric current）。通常以正电流的方向为电流的方向，所以带有正电荷的电位高，带有负电荷的电位低。两个带电导体间电位的相差，叫作电压（Voltage）。通常电压的单位用伏特（Volt）表示。测量电位高低的器械，叫作伏特计（Voltmeter）。

如果将两个导体分别和起电机的两极连接，两个导体间再用导线相通，用起电机回转起电，那么起电机在回转期间，两极所产生的电就集中到两个导体上，经过导线而中和。如果圆板持续不断地回转，电流也就持续不断地流动。通常在导体横截面1秒间有1库仑的电量流动时的电流强度，叫作安培（Ampere），就是电流的单位。

电容器和莱顿瓶

我们在前面已讲过，若是把等量的热加在物质不同、大小各异的物体上，那么因物体的热容量不同，所以它们温度上升的状态也就不同。电也是如此，拿同量的电加到各种不同的导体上，因为它们的形状、大小不一样，电位的上升也就各异。凡能使导体增加单位电位的电量，叫作这个导体的电容（Electric capacity）。用1库仑的电量加到一个导体上，若电位的升高是1伏特，那么这个导体的电容就叫作1法拉（Farad）。假设用Q表示一个导体所含的电量，V表示它的电位，那么它的电容C就为$C=\frac{Q}{V}$或$Q=VC$

因为法拉的单位太大，所以通常用它的百万分之一，叫作微法拉（Micro farad）。

如图156，连接一个绝缘金属片A于金箔验电器，使它带有负电，则验电器的金箔张开。这时，若将另一个和地面连接的导体B取至A旁，因B导体由感应作用生出正电，则负电传入地中。金箔及金属片A上的负电，因受B导体上正电的吸引，大部分移至正对B导体的一面。于是金箔的张开度减小，A、B相距越近，金箔的张开度也越小。如果要恢复金箔张开的原状，必须加入更多的负电。由此可知，金属片A的电容，因B导体的关系而增加。这种以绝缘介质（空气）分隔两个导体，使它的电容增加的装置，叫作电容器（Condenser）。

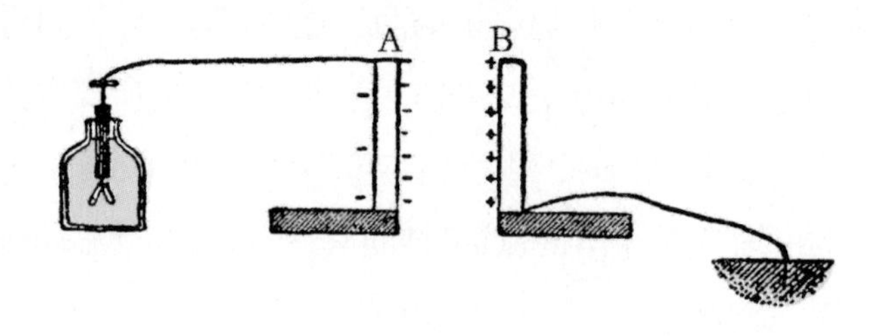

图156 电容器的作用

最初的电容器是在荷兰的莱顿所制，故称莱顿瓶（Leyden jar），如图157。瓶的内外层的下部各贴有锡箔，内层锡箔中的金属链通至瓶口外面的小球，外层的锡箔则连于地面。如果将起电机的一极接于球上，即可蓄积大量电，这叫作电容器的灌电（Charge）。

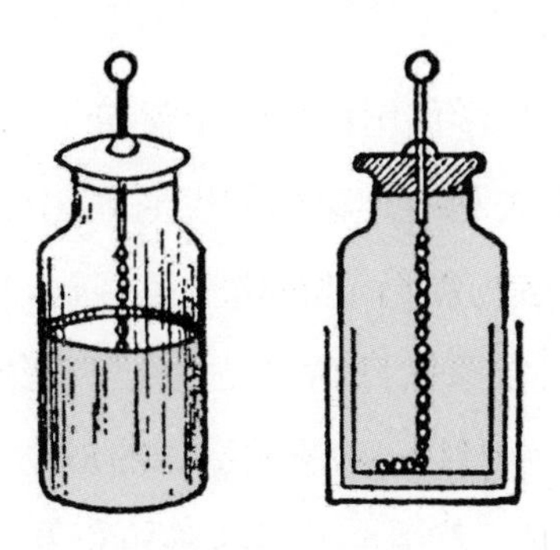

图157 莱顿瓶

如果用放电叉（Discharge tongs）的一个球和外层的锡箔接触，而将另一个球和瓶顶的球相近，在内外层的电就起中和作用而发生火花放电，如图158所示。

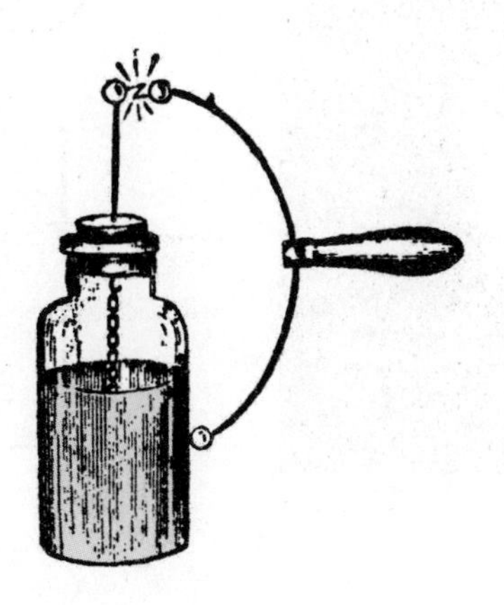

图158 电容器的放电

电池

电池(Cell)是由化学作用使导线上保持一定电压，借以产生电流的一种装置。1786年，意大利科学家伽尔伐尼(Galvani)发现，若连接两种不同的金属，使其两端与新解剖的蛙肉相接触，蛙肉即痉挛，与受雷击无异。后来，意大利科学家伏打(Volta)继续研究这个现象，于是发明一种伏打电池(Voltaic cell)。它的构造如图160，是用一块锌板和一块铜板对立在稀硫酸中而成。若用金属导线将铜板和锌板连接成一个闭合电路(Closed circuit)，导线上就有电流通过。铜板上带正电，叫作正极板(Positive plate)。锌板上带负电，叫作负极板(Negative plate)。两极间的电位差(Electric potential difference)约为1伏特。

图159 伏 打

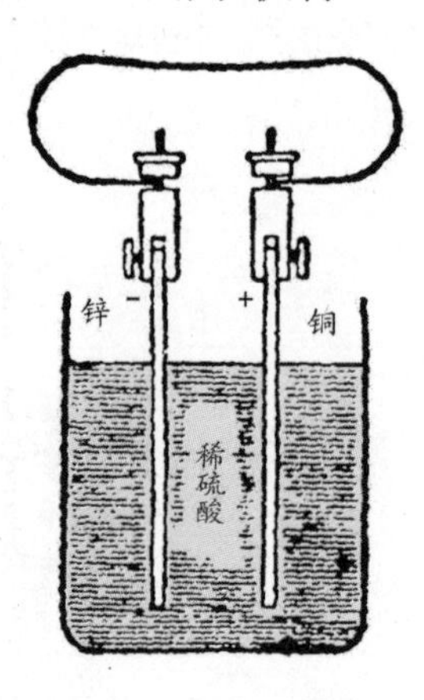

图160 伏打电池

不仅铜板和锌板在稀硫酸中可以生出电位差而产生电流，将任意两种不同的金属置于任何酸性、咸性或盐性溶液中，均有同样的现象发生。伏打电池的种类极多，据实验所得结果，可将多种金属排列如下：

锌、铅、锡、铁、铋、锑、铜、银、金、铂、碳。

将上列任意两种金属插入稀硫酸中，在前者的电位差常比在后者的电位差低。两种金属相隔越远，它们的电位差也越大。

除了上面所说的伏打电池外，还有丹尼尔电池（Daniell cell）和勒克朗谢电池（Leclanche cell，又称锌锰电池）等，现分叙如下：

如图161，丹尼尔电池的外瓶是一个玻璃或陶器制的圆筒，内盛硫酸铜的浓溶液，并插一块无底圆筒形的铜板，铜板的中央有一个盛稀硫酸的素烧瓷筒，里面插一块涂有水银的锌板。这个电池的正极是铜板，负极是锌板，两极的电位差约为1.08伏特。

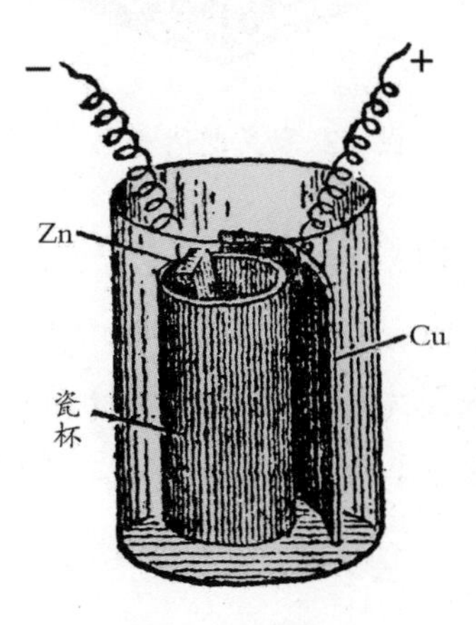

图161 丹尼尔电池

勒克朗谢电池的构造如图162，它的外瓶也是一个玻璃或陶器制的瓶，内盛氯化铵的浓溶液，液内插一根锌棒作负极，正极是一块碳板插在一个素烧瓷筒内。板和筒的中间填充二氧化锰和碳末的混合物。这种电池两极的电位差约为1.5伏特，常用作电铃等装置。

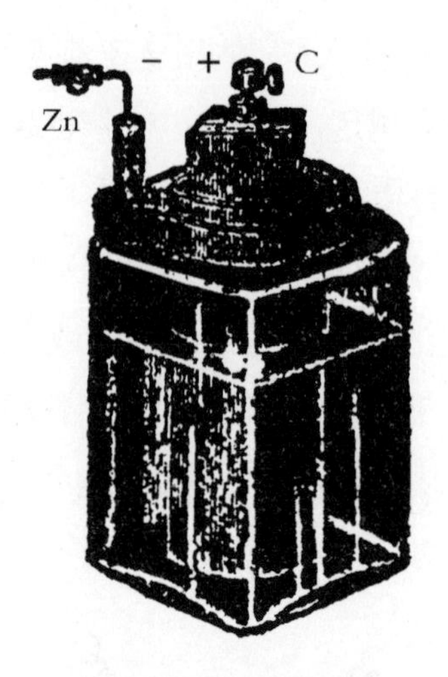

图162 勒克朗谢电池

我们常见的干电池(Dry cell)就是勒克朗谢电池的一种变形，是用一个锌制的圆筒作为负极，中间插碳棒，四周覆以氯化铵和氯化锌的溶液，混合二氧化锰、碳粉及木屑而成的糊状物填充，顶部覆以砂，并用沥青封固，以免蒸发，筒外裹以纸片，如图163。这种电池便于携带，电铃及手电常应用它。

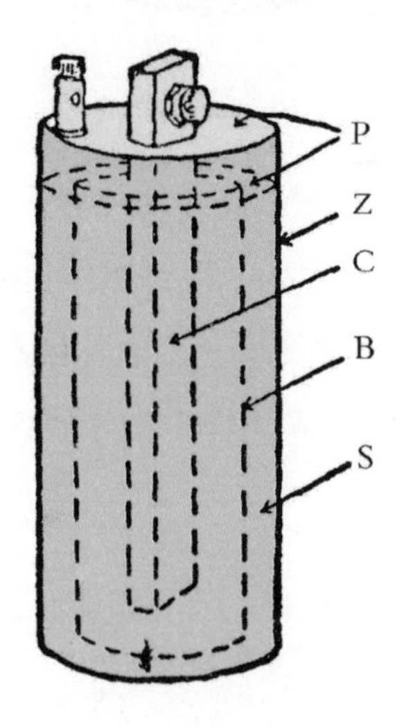

图163 干电池

电 阻

将粗细不同、长短各异的导线分别连接于同一个电池的两极上，那么导线中所经过的电流强度并不相同。这是因为导线的形状、大小不同，所以对于电流所产生的阻碍也不同。从前，德国的科学家欧姆（Ohm）由实验求得：在同一个导体中通过的电流的强度和两端的电位差成正比，这叫作欧姆定律（Ohm's law）。设E表示导体两端的电位差，C表示电流强度，则$\frac{E}{C}=R$或$CR=E$

这个R为一个常数，由导体的材料、长度、横截面积而定，不随电位差或电流的强弱而变。R的大小表示导体阻碍电流通过的性质，叫作电阻（Resistance）。电阻的单位为欧姆（Ohm），即以单位电压（伏特）加于导体的两端，如果所产生的电流强度为1单位（安培），那么导体的电阻就是1欧姆。故由上式可得：

$$电阻（欧姆）=\frac{电压（伏特）}{电流（安培）}$$

在各种物质中，银的电阻最小，铜、铂等物质的电阻和银相比的倍数，列表如下：

银	1.00	铂	7.20	水 银	63.1
铜	1.11	钢	13.5	镍铬线	73.2

电阻组合的连接法有两种，一种是串联（Series connection），一种是并联（Parallel connection），分述如下：

（一）串联

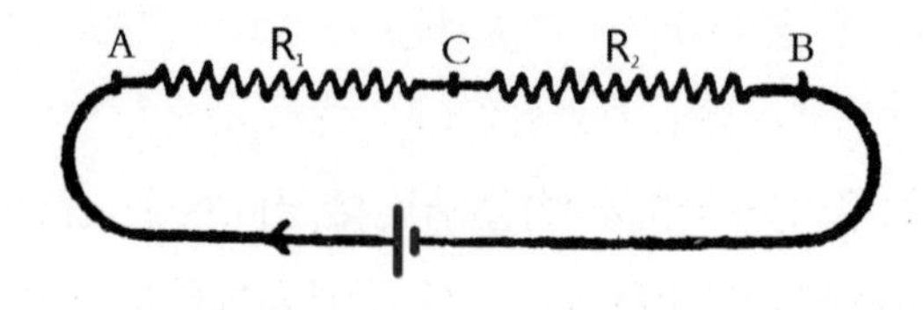

图164 串联的电阻

如图164，若干电阻线圈顺次连接，使电流依次通过，这叫作串联。它的总电阻等于各部分电阻的总和，设R表示总电阻，R_1 及 R_2 表示分电阻，则

$R=R_1+R_2$

所以，总电阻比各部分的电阻值大。

（二）并联

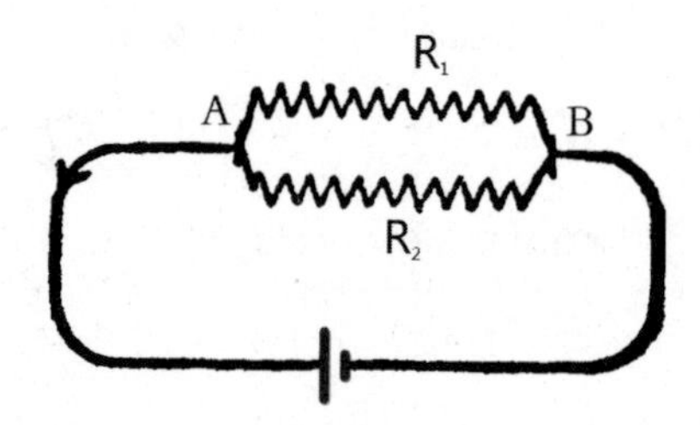

图165 并联的电阻

如图165，若干电阻线圈的一端连接于一处，其他端连接于另一处，使电流分开，由各线圈通过，这叫作并联。设R表示总电阻，E为A和B间的电压，则总电流C必为$\frac{E}{R}$。若 R_1、R_2 表示分电阻，C_1、C_2 表示各线圈上的分电流，则

$C=C_1+C_2$

或 $\frac{E}{R}=\frac{E}{R_1}+\frac{E}{R_2}$，$\frac{1}{R}=\frac{1}{R_1}+\frac{1}{R_2}$

即并联时电阻总值的倒数等于各个电阻倒数的和，所以总电阻比各个电阻值小。

前面我们所讲的电池，因为内部的溶液也是导体，所以在电流流动时也有电阻作用，这个电阻叫作内电阻（Internal resistance）。对于内电阻来说，连接电池两极的导线的电阻，叫作外电阻（External resistance）。内电阻与液体的种类、金属板的大小、两板间的距离有关。若在同一个电池中，那么与两板浸在液体内面积的大小有关，面积大，电阻小；距离大，电阻也大。

电池组合的连接法和电阻的连接法相同，也有串联、并联两种：串联的方法如图166，将第一个电池的负极和第二个电池的正极连接，再将第二个电池的负极和第三个电池的正极连接，如此串联若干个电池，那么最外面两个电池两极间的电压就等于各电池电压的总和。

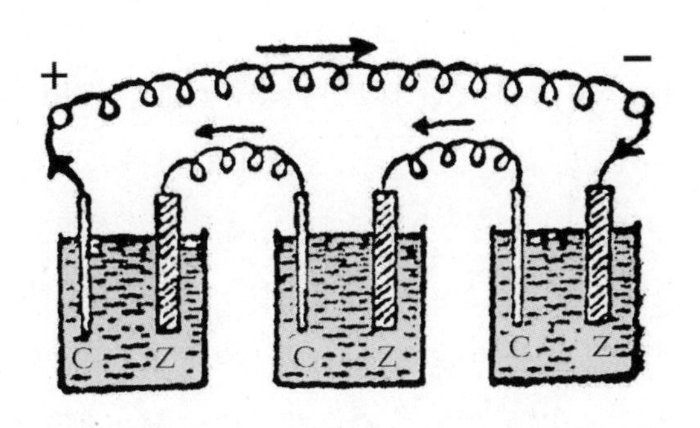

图166 串联电池

并联的方法如图167，是将电池的同极相连接。这样连接的话，两导线间的电压和每个电池的电压仍相同。通常电池的组合多用串联法，目的在于使阻力很大的导线受有较大的电压，产生强度较大的电流。

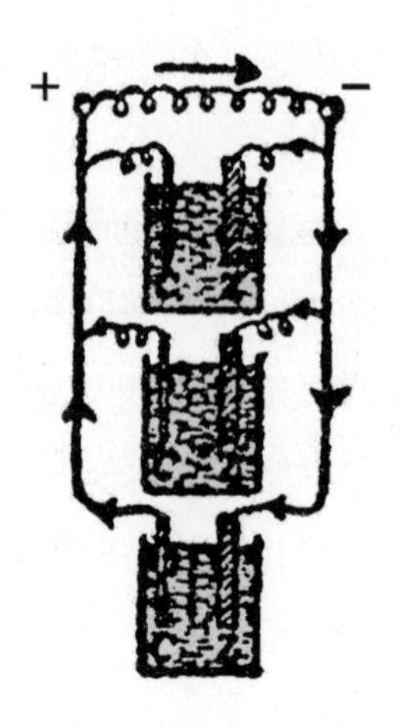

图167 并联电池

电流的化学效应

我们在前面已讲过，由化学作用可以使电池产生电流，但若电流通过导电的溶液时，也可以使它发生化学作用而分解，这种现象叫作电解（Electrolysis）。例如，将两块铂板插入滴有稀硫酸的水中作为两极，电流通入的一极作为阳极（Anode），流出的一极作为阴极（Cathode）。在每极的上面倒置盛满水的玻璃管，如图168所示，用导线将两极和电池连接，即可见阴极和阳极上都有气泡产生。将气泡收集于玻璃管内，即可见阳极管内的气体体积约为阴极管内气体体积的一半。取出玻璃管后可知，阳极管内的气体为氧，阴极管内的气体为氢。这就是水因电流的通过而发生化学作用，电解为氢、氧两种元素的结果。这种因电流所产生的化学电分作用，叫作电流的化学效应（Chemical effect）。可以被分解的物质，叫作电解质（Electrolyte）。一般一切酸类、碱类、盐类的水溶液都是电解质。

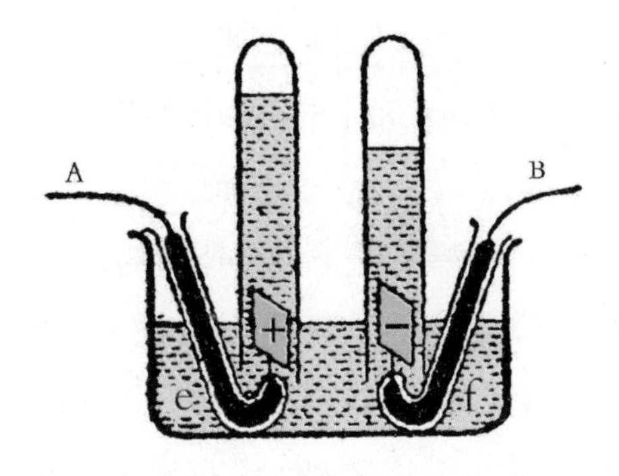

图168 水的电解

从前，英国科学家法拉第（Faraday）由实验结果得知：经过电解分离出来的物质的质量必和通过的电量成正比，即和电流的强度及时间成正比，这叫作法拉第定律（Faraday's law）。

电解的应用非常广，如电镀（Electroplating）、电铸（Electrotyping）、电刻（Electro-engraving）、电冶（Electrometallurgy）等，现分述如下：

（一）电镀

将欲镀的物体作为阴极，将拟镀的金属（镀金用金板，镀银用银板）作为阳极，然后将二者都浸入电解质的溶液中（镀金用金的盐类，镀银用银的盐类），通电流后，物体上即镀有一层拟镀的金属。

（二）电铸

在原型上面先制一个蜡或石膏的模型（凹凸和原型相反），用石墨涂在模型的表面，使它成为导体。然后将这个模型连在电池的阴极，用铜板连在电池的阳极，浸入硫酸铜的溶液中。通入电流后，模型上即涂有一层铜皮，等到适当薄厚取下，就得到一个铜的模型。

（三）电刻

先用油漆等非导体在金属物上书写或绘画，然后连于电池上，浸入电解质的溶液中（溶液的种类由金属物而定，如电镀所说）。通入电流后，即得书画等花纹。如果将金属物作为阴极，则书画等凹入；如果将金属物作为阳极，则书画等凸出。市上的银盾等物即由此法刻成。

（四）电冶

从矿山采掘出来的原矿要提取它内部所含的金属，多用电冶术。方法是将原矿的溶液或原矿增高温度，熔成液体。通入电流后，金属就附着于阴极而出。近代制造纯粹的铜、铝、镁等金属都用这种方法。

电流的化学效应除了上述之外，还有一种将电能转化为化学能而储蓄起来，等需用时再将化学能转化为电能的装置，叫作蓄电池（Accumulater）。如图169，甲为两块含有格子状小孔的铅板，将硫酸和一氧化铅装入格子中，然后对立在盛有稀硫酸的容器内。将这两块铅板的两极通入强电流，这时因硫酸的电解，在阳极的一氧化铅氧化成二氧化铅，在阴极的一氧化铅还原成铅的细末。若电流继续通过，这两极上的化学反应就继续进行，结果这两块铅板上发生电位差，它的方向和电流的方向相反。等到这两块铅板充分变化之后，使电流停止，则两块铅板上的电位差可达2伏特以上。附着二氧化铅的铅板为正极，另一铅板为负极，这叫作灌电（Charge）。灌电后，如果用导线连接蓄电池的两极，那么电流就从正极流向负极。在电流流通的时候，因硫酸的电解，两极渐变为硫酸铅，电位差逐渐减小，这叫作放电（Discharge）。

实际上，蓄电池的铅板不止两块，如图169丙，是由数对铅板交互对列，并联后使用可以增加容量，减小电阻。

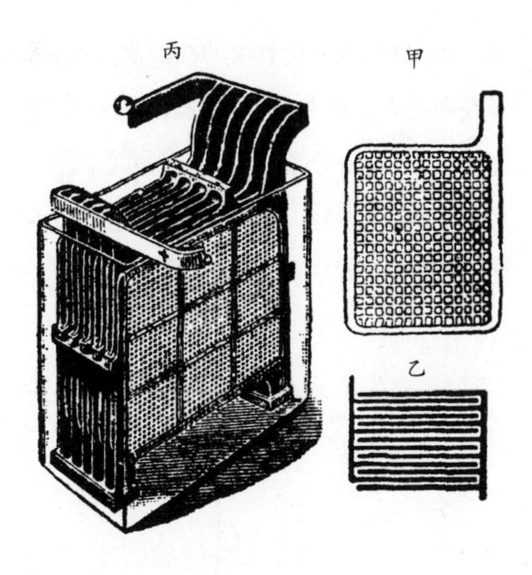

图169 蓄电池

电流的磁效应

导线的两端和电池的两极连接之后，如果将导线平行放在磁针上面，磁针因受导线里电流的影响，就稍离开它原来的南北方向，如图170。如果将导线两端的两极互相交换，使导线内的电流改变方向，则磁针的偏向也就与之前相反。由此可知，在电流的近旁能产生磁场，这叫作电流的磁效应（Magnetic effect）。

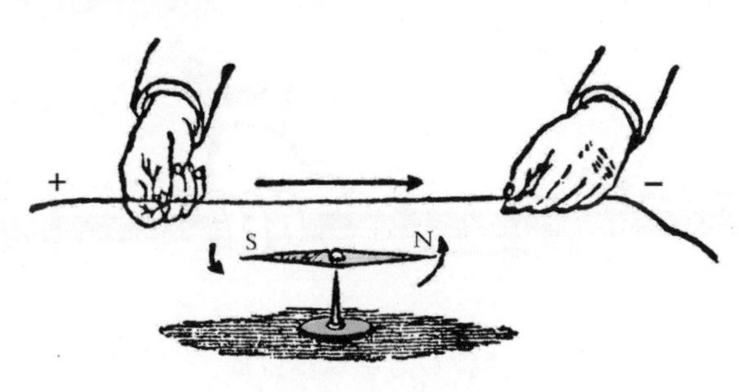

图170 电流的磁效应

用一根导线穿入一张厚纸板中，在纸板上撒满铁屑，将导线的两端接至一组电池上，通入电流后，纸板上的铁屑由感应作用，全都变成小磁铁轻击纸板，铁屑即以导线为中心而排成许多同心圆的磁力线，如图171所示。若将小磁针置于纸板上各处，就可测量磁力线的方向。若电流由上而下，则磁力线的方向为顺时针方向；若电流由下而上，则磁力线的方向为逆时针方向。

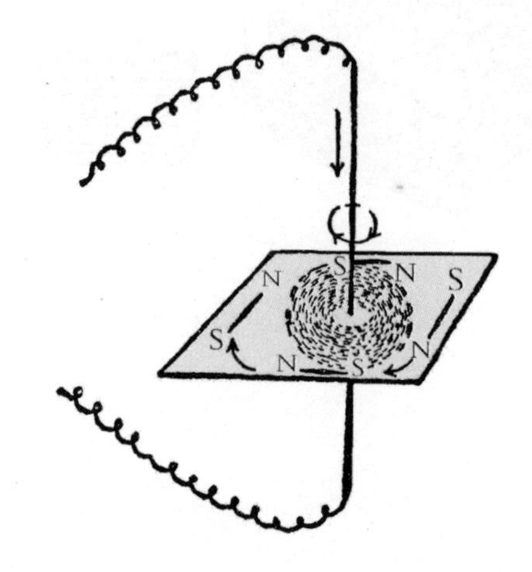

图171 电流周围的磁场

从前，法国科学家安培（Ampere）根据研究结果得知：电流的方向和磁场的方向互成直角。如果用右手握导线，使大拇指指示电流的方向，则其他各指就指示电流所产生的磁场的方向，这叫作右手螺旋定则（Right-hand rule）或安培氏定则（Ampere rule），如图172所示。

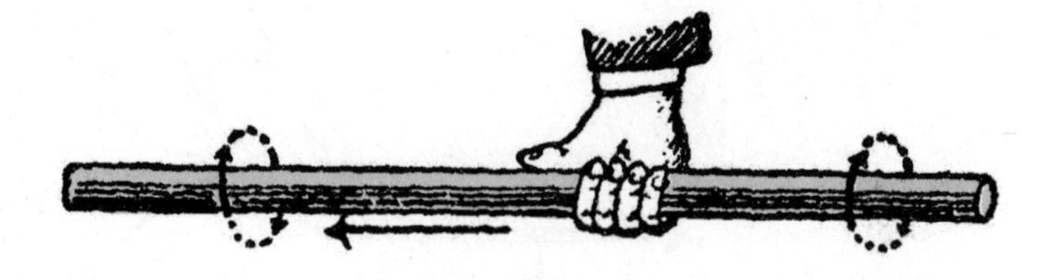

图172 右手螺旋定则

将导线弯曲成圆形，通入电流，导线周围的磁力线可用铁屑和磁针实验测得，如图173的状态。

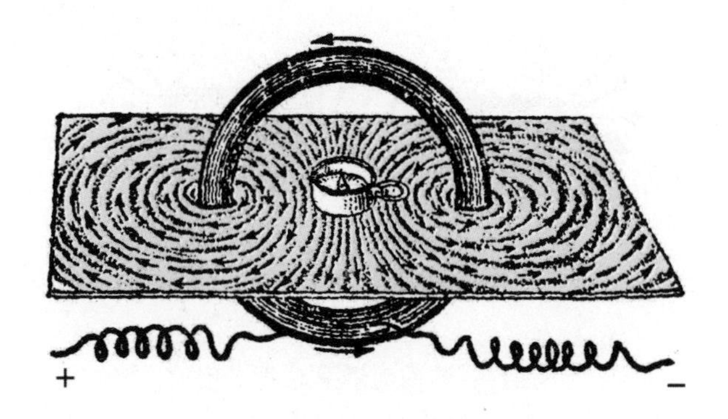

图173 圆形电流的磁力线

如果用周围圈有绢线或棉线的导线，卷成圆筒状的螺旋形，通入电流，由实验测得，螺旋中央部分的磁力线，差不多和螺旋的轴平行。螺旋外部和两端的磁力钱，和条形磁铁一样，如图174。这种螺旋状的绝缘导线，叫作线圈（Coil）。因为通有电流的线圈的磁力线和磁铁一样，所以线圈的作用和磁铁一样。如果将磁针移近线圈，则可得和条形磁铁一样的结果，且可由磁针来决定它的两极。

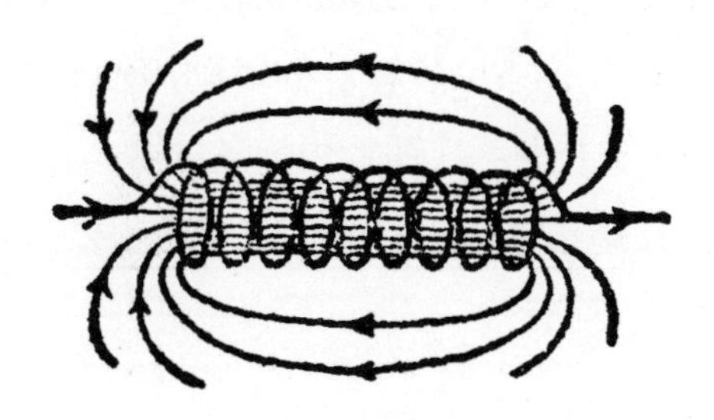

图174 线圈的磁力线

为了便于理解，现把上面所说的右手螺旋定则稍加修正，就可以表明线圈的磁场方向如下：用右手握线圈，使食指及中指等指示电流的方向，拇指指示电流在线圈内所产生磁场的方向，如图175所示。线圈上的电流越大，它的磁性也越强。

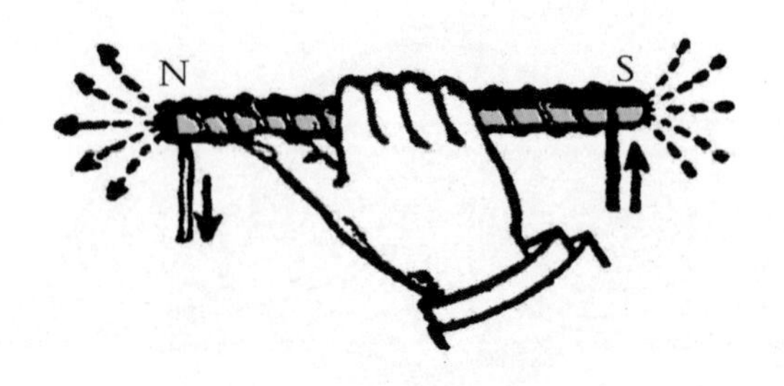

图175 线圈的右手螺旋定则

在线圈中插入一根软铁棒，当线圈上电流通过时，棒就由感应作用变成一个磁体；电流停止，棒的磁性即消失，这种装置叫作电磁铁（Electromagnet）。电磁铁的用途非常广，基本上是各种电机的重要组成部分，如电铃、电报机、电话、电流计、发电机、电动机等都需要它。

电铃（Electric bell）是一种应用电磁铁发声的简单装置，如图176。电铃的电钥（Electric key）俗称揿钮，与P连接。用手指按电钥，电路接通，电流即由箭头所指示的方向通过电磁铁E，经过弹条和螺钉C而回电池。这电磁铁因电流通过，在感应作用下产生磁性，吸引它前面的软铁片，使锤H击铃发声。弹条因软铁片的运动，使它和螺钉C的接触点分离，电流断电，磁铁失去磁性。软铁片由弹条的弹力作用恢复原位置，使螺钉接触，电流又通，电磁铁又产生磁性，再吸引铁片，锤又击铃。如此连续作用，铃声即持续不已。

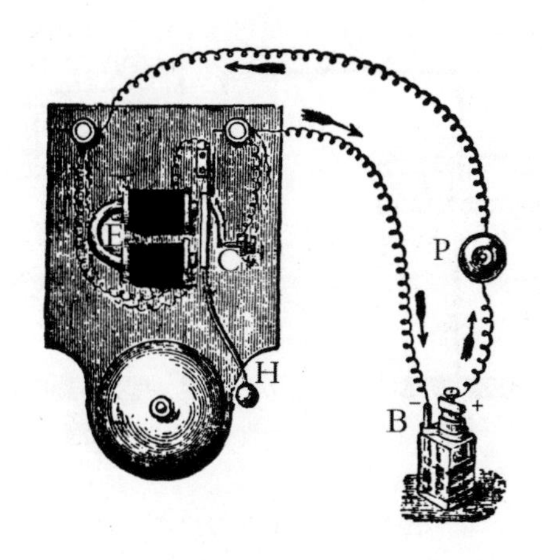

图176 电 铃

电报机(Telegraph)也是利用电磁铁的装置，主要部分是发报机和收报机，如图177。发报机为一个特制的电钥K，通报时将电钥K按下，使电池所产生的电流经过架空导线L至收报机的电磁铁M，而通入地面，由地面回到发报机的电池中。将电钥K放开，电流即中断。当发报机的一端按下电钥K电流通过时，收报机的电磁铁产生磁性，将前面的铁片吸下，击A钉而发声。发报机放开电钥K电流中断时，收报机的电磁铁失去磁性，铁片即由弹簧S恢复到原来的状态，击B而发声。由两声间隔时间的长短，即可判断通信的点、画记号(时间长为画，短为点)，而记出文字。这种用声音传达电信的装置，是近代所用的发声器(Sounder)。若发声器的铁片上连有墨水笔，可在移动的纸条上记出点的记号的装置，是以前所用的记录器(Recorder)。

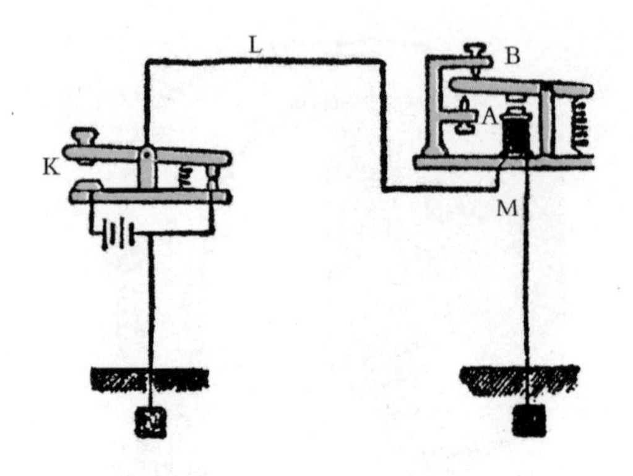

图177 电报机的原理

电报通信的记号是由点、画拼合而成，国际上所用的是摩尔斯电码(Morse code)，如下：

A	·—	J	·———	S	···
B	—···	K	—·—	T	—
C	—·—·	L	·—··	U	··—
D	—··	M	——	V	···—
E	·	N	—·	W	·——
F	··—·	O	———	X	—··—
G	——·	P	·——·	Y	—·——
H	····	Q	——·—	Z	——··
I	··	R	·—·		

我国的文字不是由字母拼成的，所以每个字必须定一个号数。发电时先将文字译成号数，再将号数按数字发出。收报局又依数字电码编成号数，再将号数译成文字。数字电码也由点、画拼合而成，如下：

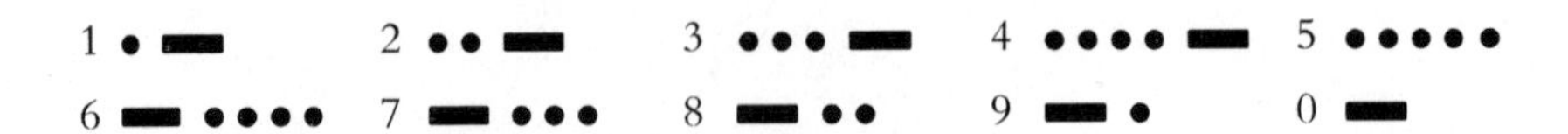

1	·—	2	··—	3	···—	4	····—	5	·····
6	—····	7	—···	8	—··	9	—·	0	—

电流计(Galvanometer)是测量电流强度的装置。电流经过线圈所产生的磁场的强度和电流的强度成正比，所以大多数电流计都是利用电

流的磁效应制成的。电流计的主要部分是线圈和磁铁，通常可分为磁转式及圈转式两种，此外还有测强电流所用的安培计（Ammeter）和测导线上两点间的电位差所用的伏特计（Volt-meter）等。

电流的热效应

电流通过导体各部分时产生热的作用，叫作电流的热效应（Heating effect）。据实验结果得知，电流通过导体时，导体各部分所产生的热量和它的电阻成正比，和电流强度的平方成正比，和电流的时间成正比，这叫作焦耳定律（Joule's law）。

一般的电热器就是利用电流的热效应制成的。例如，家中所用的电熨斗，通常是用镍铬线条绕于云母片上而制成的，如图178所示。其他电热器如电暖炉、煮水器等都是用电阻及熔点极高的导线绕于器中。当电流通过时，导线即产生大量热而做功。此外，有一种熔点极低的保险丝（Fuse wire），是由锡和铅的合金所制成，常插入电路中和导线串联。当导线上通过的电流超过一定强度，热量太大时，保险丝即熔解而使电流不能通过，以免损坏电器或有危险发生。

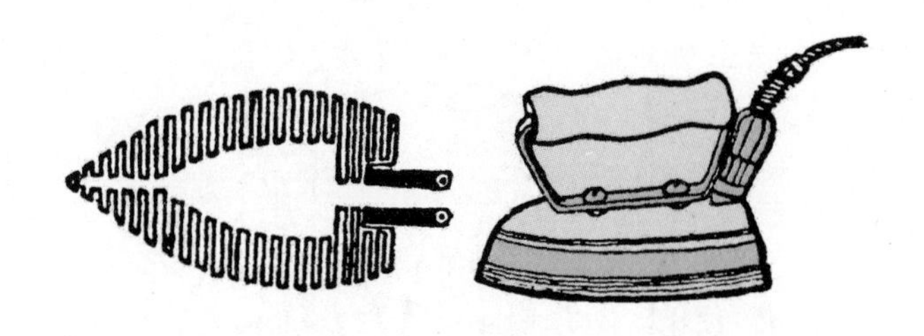

图178 电熨斗

电灯（Electric light）或称白炽灯（Incandescent lamp），也是利用电流的热效应制成的发光装置，是1879年爱迪生（Edison）发明的。它的构造如图179，为一个真空茄形或球形的玻璃泡，玻璃泡内封入电丝而成。电丝的两端，一端接于灯泡的灯座的顶端金属小块B，一端接于灯座的圆筒S，B与S之间用绝缘物质隔开。如果灯座不是螺旋形，则B、S皆在，灯座的顶端仍用绝缘物质隔开。B、S为电灯的灯丝的两极，就是电流出入的路径。通入电流后，灯丝即炽热而发光。

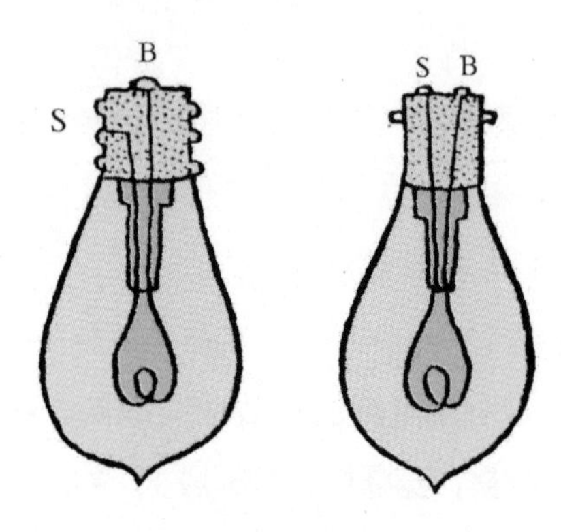

图179 碳丝灯泡

电灯中的灯丝，以前用碳丝，耗电多且效率低。后改用钨丝，可以达到较高的温度而得到更亮的灯光，且耗电也比碳丝少。近来又在灯泡中加入氮或氢等惰性气体（Inert gas），使钨丝可以达到的温度更高，亮度更强，且耗电少。各种灯泡的形式如图180所示。

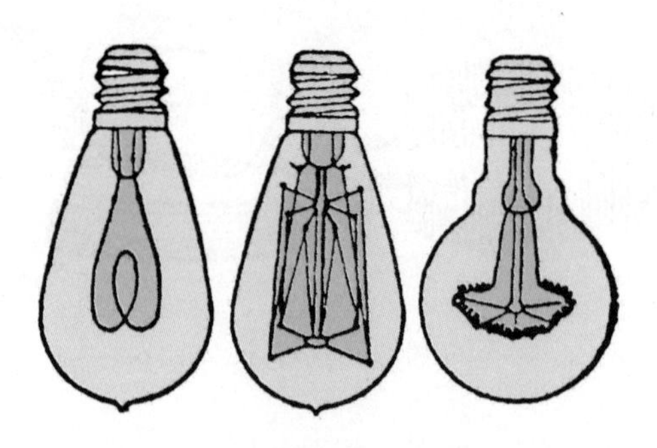

图180 各式灯泡

电磁感应

我们在前面已讲过产生电流的方法，用起电机放电和用电池使化学能转化为电能。除了这两种方法，还有一种由机械能转化为电能的方法，这种方法是由法拉第于1831年所发现。现将他的一种实验叙述如下：

实验32. 将线圈的两端和电流计连接，将条形磁铁的一极迅速插入圈内，如图181，电流计的指针立即偏向一方，表示圈内有电流。若磁铁不动，指针回到原位，则表示圈内没有电流。再将条形磁铁迅速提出，指针即偏向另一方，表示圈内又有电流，和磁铁插入时的方向相反。

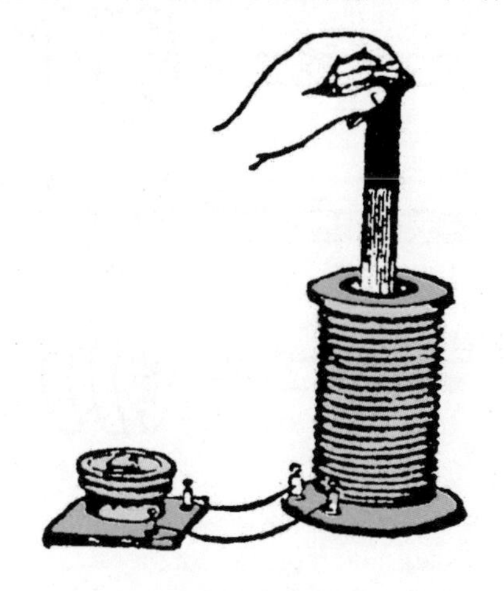

图181 感应电流

这种用条形磁铁在线圈内移动，线圈内所产生的瞬间电流，叫作感应电流（Induced current）。当磁铁的移动速度增加时，感应电流的强度也增加。能产生感应电流的现象，叫作电磁感应（Electromagnetic induction）。

在上面的实验中，如果将磁铁的北极插入线圈中，由电流计的指针偏向，则可知感应电流在圈端所成的磁极也为北极，以反抗磁铁的插入。若将磁铁提出，感应电流在圈端所成的磁极则为南极，以阻止磁铁的移出。同样地，将磁铁的南极插入线圈中，感应电流在圈端所成的磁极为南极，以反抗磁铁的插入。若将磁铁提出，感应电流在圈端所成的磁极则为北极，以阻止磁铁的移出。由此可知，当导体和磁铁作相对运动时，导体中所产生的感应电流的磁极，必有反抗或阻止这种运动的作用，由这作用即可确定感应电流的方向。这个关系叫作楞次定律（Lenz's law），如图182。

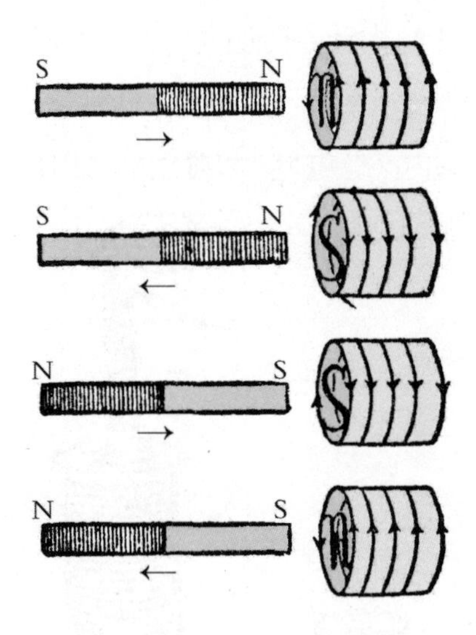

图182 感应电流的方向

我们在前面讲过，线圈通入电流后，它的作用和磁铁一样。所以，在上面的实验中，不用条形磁铁，而用一个通有电流的线圈代替，使它在另一个线圈中移动，结果也能产生电流。又或不必使通电流的线圈在另一个线圈中移动，而使这通电流的线圈上的电流忽断忽续，那么它的效果仍然一样，也有感应电流产生。当电流通过时，相当于磁铁插入线圈；当电流切断时，相当于磁铁抽出线圈，这个现象叫作互感应（Mutual induction）。互感应时，带有电流的线圈叫作原线圈（Primary coil），如图183P。产生感应电流的线圈，叫作副线圈（Secondary coil），如图183S。如果在原线圈中放一根软铁棒，则所得的感应电流更强。

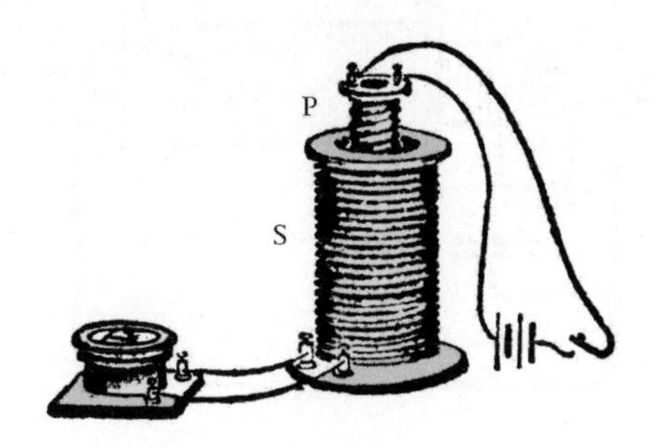

图183 感应电流

由上所述可知，感应电流是因线圈内磁场的变化或磁力线的数目改变而产生的。磁场的变化越大，所产生的感应电流也越强；磁场固定不动，则不产生感应电流。

感应圈（Induction coil）就是利用电磁感应产生大电压的装置。它的主要部分如图184，为一个几十条软铁线束成的软铁心A，在A外缠绕用纱包的粗铜线原线圈B。在B外缠绕用纱包的细铜线副线圈C。原线圈的卷数约为数百回，副线圈的卷数则更多，有数万至数十万回。原线圈的两端和电池两极的导线相连。还有一种跟电铃相仿的断续装置D。副线圈的两端各连在绝缘的两根金属棒上。F为一个电容器，装在感应圈的木制台的内部。当电流通过时，E、D之间立刻产生断续作用，副线圈内即产生强大的电压。但这种电压由原线圈上电流通过时所生的方向，和切断时所生的方向相反，所以在电池和原线圈上电流一断一续的时候，副线圈内所生的电流方向交互变更，一反一正，循环不已。这种电流叫作交流电（Alternating current）。普通电池发出的电流，方向一直不变，叫作直流电（Direct current）。

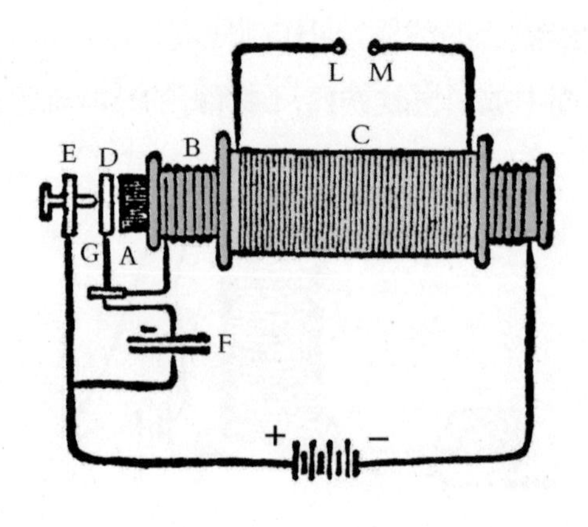

图184 感应圈

发电机、电动机和变压器

发电机（Electric generator）是一种在磁场内将线圈回转产生强大的感应电流的装置。它的主要部分是一个叫作场磁铁（Field magnet）的产生磁场的强大电磁铁，和一个可在两极间自由回转以引起电流的电枢（Armature）的铜丝线圈。普通的电枢是在圆筒状铁心外侧卷有多回线圈，线圈上导体的方向和回转轴平行。如图185，线圈的两端和半圆筒形铜片的换向器（Commutator）H、K相连接，H、K固定在回转轴上，另有两片金属刷子P、Q。当电枢回转时，P、Q交互和H、K相接触，软铁心因场磁铁的感应作用，对N极的一面a生S极，对S极的一面b生N极（如左图）。经过半回转后，a移至b的位置，b移至a的位置（如右图）。它的作用恰和线圈不动，而将圈内磁铁抽出，交换N、S后再插入线圈一样。所以，电枢的位置从左图的位置变到右图的位置，电流的方向如左图箭头所指示的方向，从K经过线圈流向H。再将右图的电枢继续回转变成左图的位置，那么线圈的a侧再变为南极，b侧再变为北极。于是，在这半回转内，电流的方向与之前相反，从H经过线圈流向K。但是每经过一次半回转，H、K和刷子P、Q的接触就交换一次，所以，和P、Q相连的外部导线中的电流的方向并不改变，还是从P流出，再从Q回到电枢中。这种所发的电流，方向不变的发电机，叫作直流发电机（Direct current generator）。

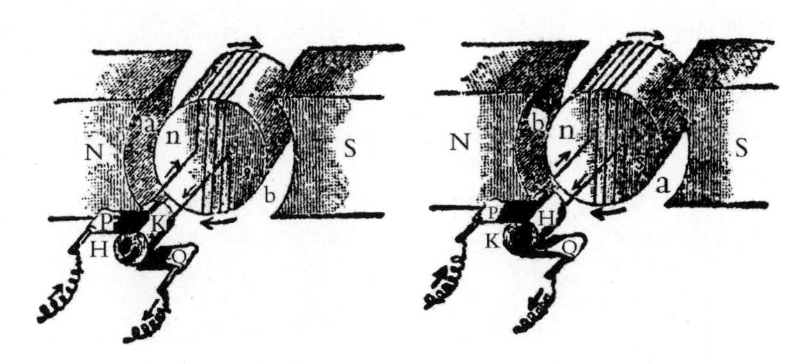

图185 直流发电机

如果将发电机线圈两端的半圆形铜片H、K改成互相绝缘的两个圆筒固定在回转轴上，如图186，各圆筒和两个刷子相接触，那么经过前半回转，电流从K经过线圈流向H。经过后半回转，电流从H经过线圈流向K。所以，外部导线上电流的方向，每经过一次半回转就交换一次。这种所发的电流方向交换的发电机，叫作交流发电机（Alternating current generator 或 alternator）。

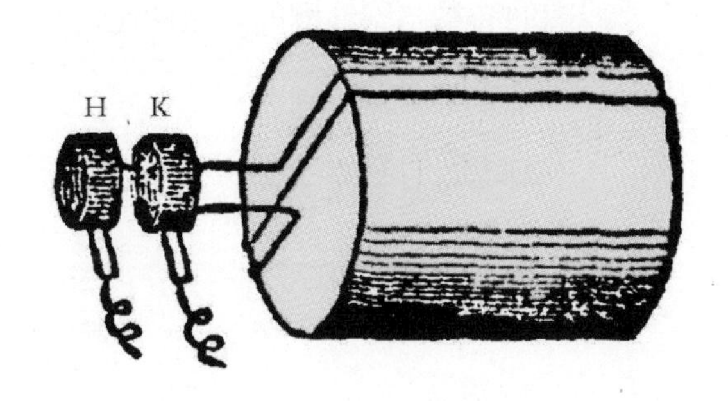

图186 交流发电机

通电流入线圈中，使线圈产生回转运动的装置，叫作电动机（Electric motor），它的构造和发电机完全一样，所以发电机也可以作为电动机。如图187，电流从刷子P流入，经过线圈从刷子Q流出，于是中间的软铁心即带有磁性。左侧为北极（左图），右侧为南极，和场磁铁相反拨，电枢即依箭头方向而回转，经过半回转后到右图的位置，铜片H、K和刷子的接触互相交换，所反拨的方向和以前相同，继续回转。如果在转动轴上装置齿轮或皮带等，即可做各种机械工作。

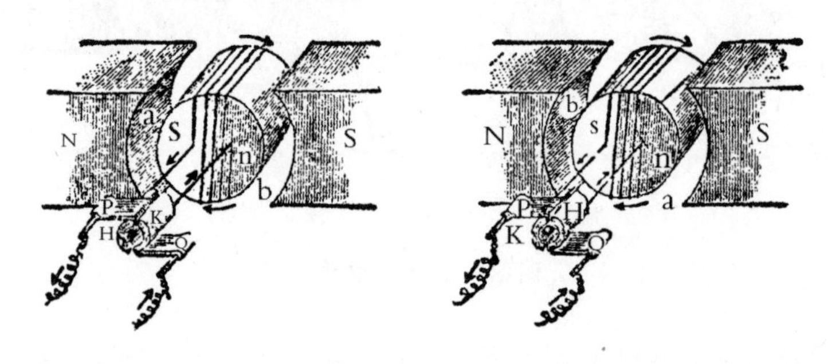

图187 电动机

变压器（Transformer）是使交流电压升降的装置，它的构造和感应圈相似，如图188，在软铁心R的两旁，各绕一圈线圈P和线圈S，由发电机G将交流电送入原线圈P，则副线圈S上就产生感应电流。因两线圈间磁力线通过的数目相同，每卷的电压也必相同，所以，原线圈的电压与副线圈的电压的比，必等于原线圈的卷数与副线圈的卷数的比，可列式如下：

$$\frac{\text{原线圈的电压}}{\text{副线圈的电压}}=\frac{\text{原线圈的卷数}}{\text{副线圈的卷数}}$$

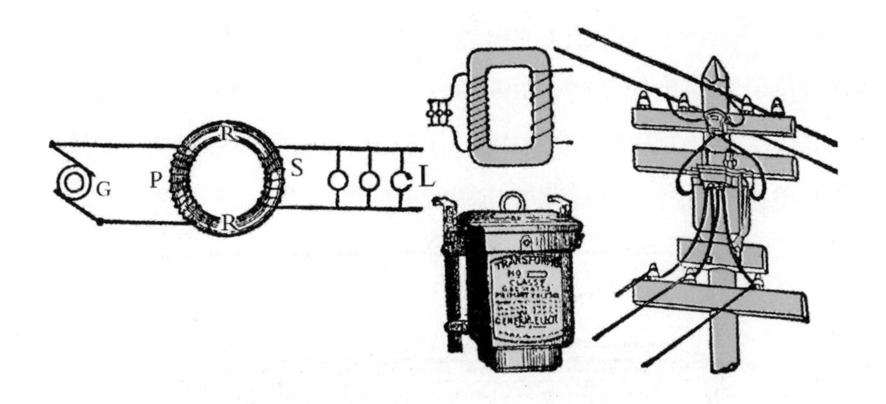

图188 变压器的原理和外形装置

利用这个原理，可以将低压的电流变为高压的电流，这叫作升压器（Step-up transformer）；或将高压的电流变为低压的电流，这叫作降压器（Step-down transformer）。

电扇、电车和电表

电扇（Electric fan）也是电动机的应用，在电枢的轴上装有螺旋推进器，通入电流后，电枢回转，使螺旋推进器转动，推动空气而成风，如图189。

图189 电 扇

电车（Electric car）的电动机装于车体下，电枢的回转轴上附有齿轮，和车轴的齿轮衔接，如图190。发电机所发的电流经过架空导线（Trolley wire）流入电动机中，再由轨道流回。电车的前方有电阻箱，以控制电流的强度。电枢转动，电车就能前进。

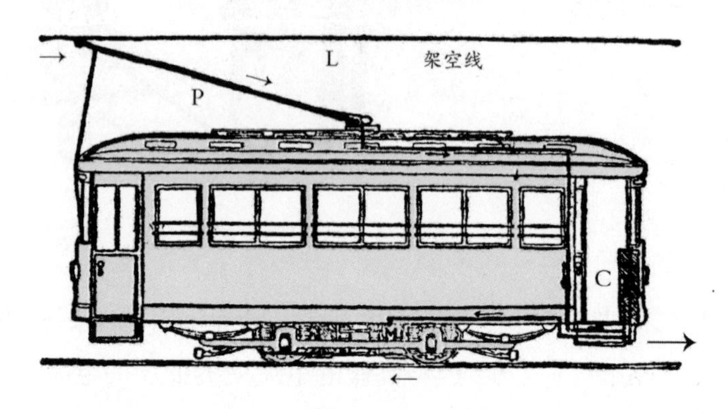

图190 电 车

有一种电车的架空导线有两条，电流从一条铜线流入，从另一条铜线流出，可以不用轨道，就是俗称的无轨电车。

电表又叫瓦特小时计（Watt hour meter），是一种记录电能消耗的器械。它的主要部分的构造和电动机相似。如图191，A为可以转动的线圈，相当于电枢，用细铜丝绕成，卷数很多，电阻很大。E为固定的线圈，相当于场磁铁，用粗铜丝绕成，卷数很少，电阻很小。电流从左而来，分成两路，大部分通过E，即为实际所用的电流。小部分通过A，和杆线间的电压成正比。最后，电流复合成一路而去。当电流通过时，因A和E间有电动机的作用，故A线圈发生转动。由接续的性质上看来，所产生的回转力和电压与电流的乘积成正比。在A的轴上用齿轮和指针装置，且在下端附有一个铝制的圆盘D，介于磁针M间，使A的转动因电磁感应的妨碍，不至于太快。于是，由指针的转动，即可直接记出消耗的电能。

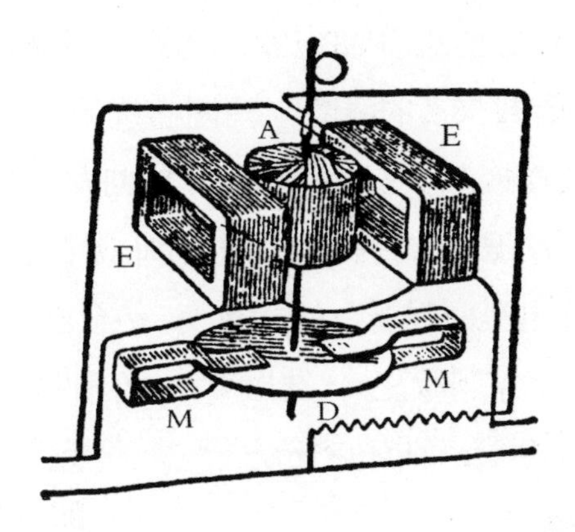

图191 瓦特小时计

电 话

电话(Telephone)是美国科学家贝尔(Bell)发明的，是一种利用电传递将声音传到远方的装置。它的主要部分为发话器(Transmitter)和收话器(Receiver)。发话器的断面如图192。在发话器的后面装一个薄铁片D，说话时，薄铁片受声波的刺激而振动，D后连接的小碳片C也同时振动。C片后为一个装有碳粒g的碳盒，电流由薄铁片通过，经过碳粒而由碳片C’流出。

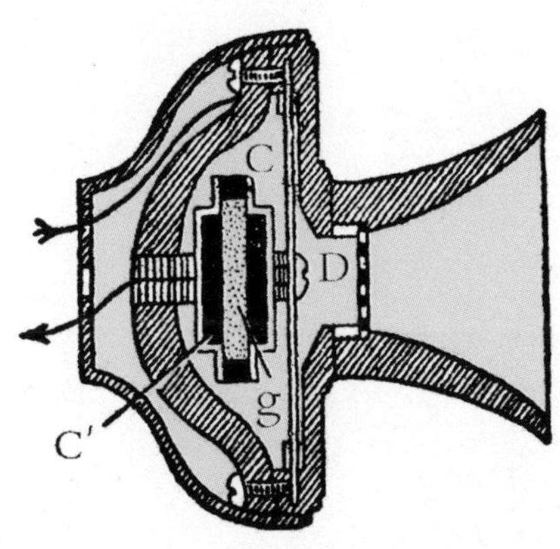

图192 发话器

收话器俗称听筒，它的断面如图193，A为蹄形磁铁，两极前有一个软铁片E，每极上绕有卷数极多的线圈B，两圈卷绕的方向彼此相反，互相串联，和外面的导线连接。当双方通话时，甲方向发话器发声，小铁片因受声音的刺激而振动，振动传到碳粒上面，使小碳粒的接触部分变动而改变它的电阻，因而电流的强弱也随之改变。传至乙方收话器的电磁铁使前面的软铁片也振动，刺激空气，发出声波，恰和发话器所受的声波相同。所以，甲方说话的声音，可以传到乙方。

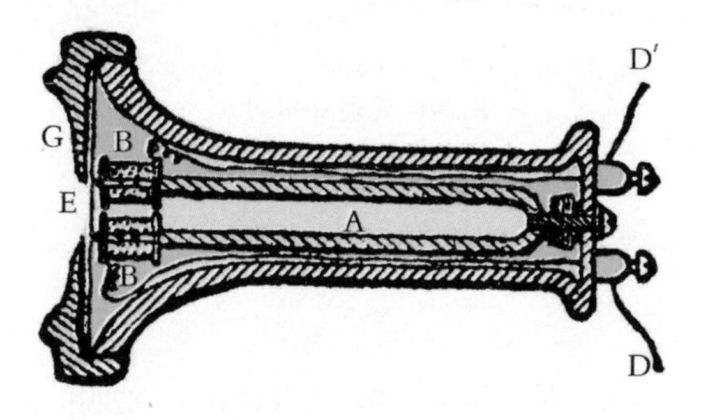

图193 收话器

Chapter 10

无线电和射线

电磁波和电共振

用水平粗管连接甲、乙两容器，如图194，容器中贮水。如果甲容器内的水面高于乙容器内的水面，那么甲容器内的水就经由水平粗管迅速流入乙容器内。等到甲、乙两容器的水位持平以后，因惯性的关系，甲容器内的水仍旧继续向乙容器流入，以致乙容器内的水面暂时反比甲容器内的水面高。因此，水又从乙容器流向甲容器，直到甲容器内的水面再比乙容器内的水面高时，水流重复反向。照这样往返流动多次才静止。假使连通两容器的水平管细而长，则水流经过此管时，所受阻力较大，水流的速度减小，上述的往返流动现象就不能发生。

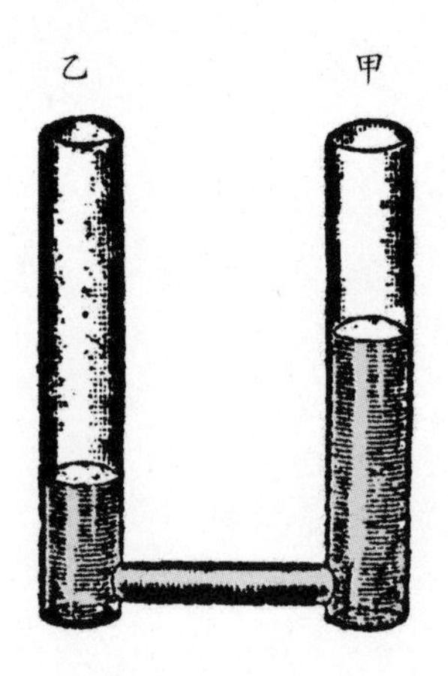

图194 水面的振动

用导线连接电位不同的两个导体，它的情形和上述的水的情形一样。假使导线的电阻大，那么电荷在导线上流动时所产生的热也大，电能消耗也多。一瞬间，两导体的电压变成相等，最后归于静止。若导线的电阻很小，那么电流就先从甲导体流向乙导体，再从乙导体流向甲导体，经过多次反复之后才静止。在这种情形下，因导体上的电荷流动方向的改变具有周期性，所以周围介质内的电能和磁能也具有周期的变化。它的变化以一定的速度向各方传播，恰如将小石子投入水中，水波向四处传播一样。这种波动式的电能和磁能的传播，叫作电磁波（Electromagnetic wave）。

1888年，德国科学家赫兹（Hertz）在感应圈的两端各装一根金属棒A、B，如图195，使A、B间发生火花放电，送出电磁波，制成一个振动器（Oscillator）。另用一个共振器（Resonator），将开口金属环C置于振动器的前面，调整它的位置，则当电波传至C后，由感应作用诱起电流，在A、B两小球间即有火花飞过。这个现象和发声体的共振现象类似，所以叫作电共振（Electric resonance）。

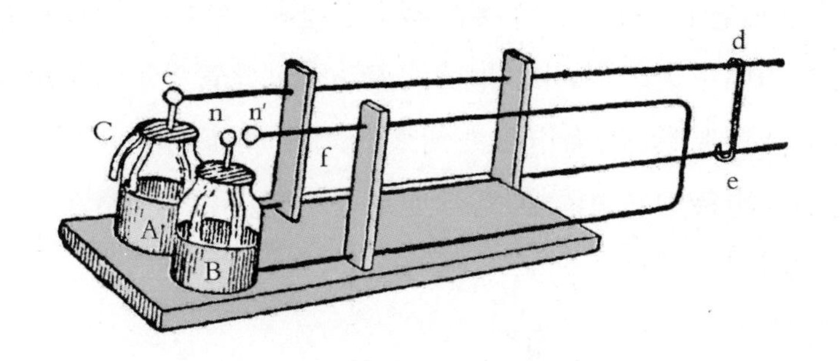

图195 电共振

通过上述实验，赫兹发现电磁波能产生反射、折射等现象，和光波完全相同，且测得电磁波在以太中传播的速度也和光相同，即每秒3×10^{10}厘米。由此可知，光波其实是电磁波的一种，由于发光体内电子（见第二章）的振动而产生。这叫作光的电磁学说（Electromagnetic theory of light）。

检波器

光波可以由人眼看到，声波可以由人耳听见，但是电磁波的有无，若是仅凭感官判断，我们就无从察知。虽然可以利用赫兹的共振器接收电波，但不是很灵敏。布朗利（Branly）、洛奇（Lodge）二人发现疏松铁粉的电阻受到电磁波之后大为减小，于是制造了一种检波器（Detector）以检验是否有电磁波。

布朗利等人所发明的检波器是一种粉末检波器（Coherer），是用镍粉和少量的银粉混合之后，加入数滴水银，装入玻璃管中，如图196，两端用两块金属板轻轻夹住。若连接此器于电池和电铃中间，平时因管中的粉末松散，电阻很大，导线中的电流的流动经过此管受阻，因而电铃中的电流极小，不能鸣铃。若有电磁波到来，管中的粉末的电阻大减，电流可以自由流动，电铃中的电流增加，于是电铃鸣响。轻敲玻璃管，使粉末振动，恢复原状，铃声即止。

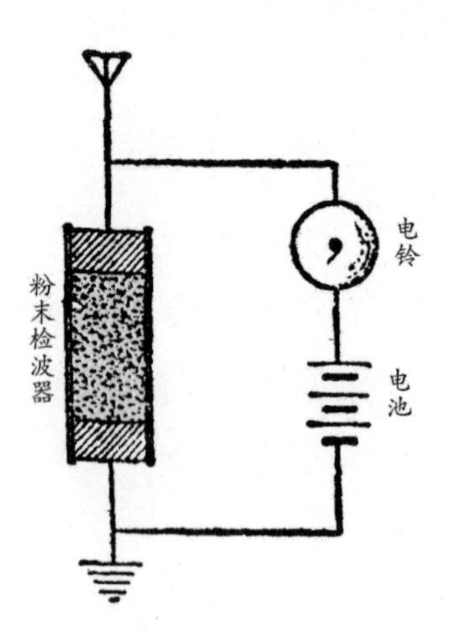

图196 粉末检波器

检波器除了上述的粉末检波器之外，还有晶体式和真空管式两种，分述如下：

（一）晶体式

数种晶体如方铅矿（Galena）、金刚砂（Carborundum）、红锌矿（Zincite）及斑铜矿（Bornite）等，有单向导电的特性，就是它的电阻对于向一方通过的电流，比向另一方通过的电流小。所以，夹住一种矿石，并用另一种矿石的尖端压于其上，电流通过时，就只能通过一半，这个作用叫作整流作用（Rectifying action）。如图197，为一个晶体检波器（Crystaldetector），A为斑铜矿，B为红锌矿，电流只能从A流到B。假使将此器插入振动电路内，受到电磁波，于是电路内的振动电流就受到整流作用而向一方流动。

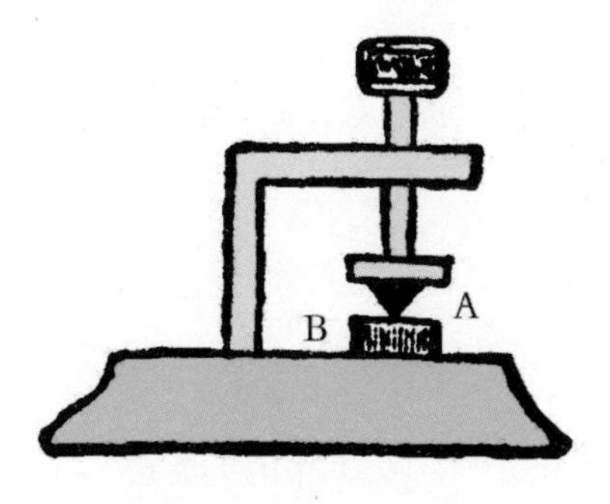

图197 晶体检波器

（二）真空管式

近代所用的真空管式检波器是三级真空管（Three-electrode vacuum tube），如图198，在真空管内封入一段钨丝（Tungsten filament）F、板极（Plate）P、栅极（Grid）G，它的整流作用如下：

将钨丝的两端和电池B相连，使其炽热。又使P的电位高于F，那么钨丝因热逃出电子，向高电位的P而去，所以P、F间就有电流。假使P的电位比F低，那么电子不能流出，电流中断，这个电流叫作板极电流（Plate current)。栅极G是一张金属网，如果它的电位比F高，板极电流就增加。如果它的电位比F低，板极电流就减少。它的变化很敏锐，栅极电位稍微发生一点儿变化，板极电流即发生很大的变化。所以，假使将G接在振动电路的一端，使其受到电磁波，则P、F间的电流就发生显著变化。

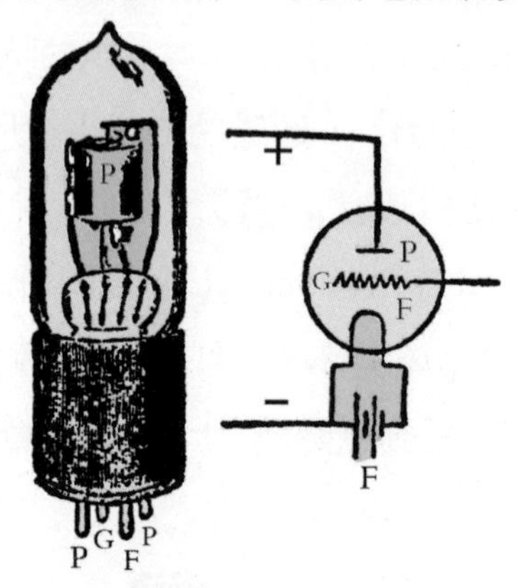

图198 三极真空管

无线电报和电话

无线电报（Wireless telegraphy）是意大利马可尼（Marconi）于1896年发明的，是利用电磁波由天线（Antenna）和接地线（Ground wire）通信的方法。图199甲为发报装置。按下电钥K，则由交流发电机G所产生的电流，经过变压器T，将电压升高，使电容器 C_1 的两板间产生很大的电位差，通过火花间隙Z而放电。此时 C_1 、 L_1 组成一个振电路，产生一定周期的电振动。 L_1 、 L_1' 为一种变压器的作用，假设 L_1' 的振动周期和 L_1 、 C_1 的振动周期相等，那么Z每飞过一次火花， L_1' 内就因共振而产生电振动，从天线 A_1 发出电波。图199乙为收报装置。天线 A_2 受到电磁波后，因共振作用，在 L_2' 内产生振动电流，因此生起 L_2 、 C_2 间的电振动，三极真空管内栅极G的电位发生变化，收报器R内的电流也发生变化，于是发声。在发报装置按下电钥K的时间内，发电机每次振动放出一个火花，收报机内的铁板就以发电机频率的二倍速度振动。电钥K按下的时间长，发声的时间也长；电钥K按下的时间短，发声的时间也短，可像普通的电报一样通信。

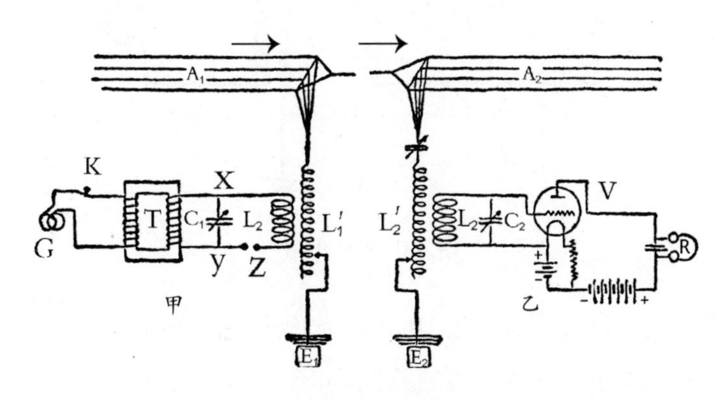

图199 无线电报

无线电话（Wireless telephone）是借电波传达声音的方法。虽然它的发送机的构造繁复，但应用的原理很简单。如图200，甲为真空管无线电话发话装置。电池B的电流，因真空管V的作用，在 L_1 、 C_1 电路内产生振幅一定的电振动。再诱起 L_1' 内的电振动，使其发送电波。在天线 A_1 的下部接一个发话器M，向发话器发声，则发话器的电阻因振动板的振动而变化。于是，电振动的振辐及电波的强度也随之而发生变化，由天地线发射而出。乙为收话装置，在天线 A_2 中受到电波后，即起电振动，因此诱起 L_2 、 C_2 内的电振动，使收话器R的振动板产生和发来的电波相当的振动，从而发出和发话器内同样的声音。

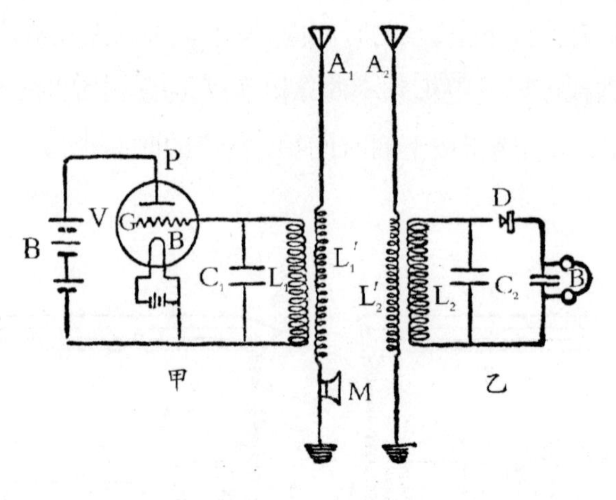

图200 无线电话

如果将收话器改为扬声器，则可以发出洪亮的声音而被多人听到。扬声器的构造原理也有多种，最简单的扬声器和收话器的构造相同。不过它的线圈和薄铁片都比较大，常装于喇叭管或共振箱的底部。

放电

用两根金属棒分别和感应圈的两极相连，在空气中放电（Discharge），则因两根金属棒端的形状、距离、电位差等不同，而放出各种形状的火花。如图201甲，两根金属棒端的距离很近，两极的电位差很大，于是火花的形状成为直线形。假使将它们的距离拉大，那么火花的形状如乙图。若是金属棒的尖端附有一个尖锐的针头，那么火花的形状就如丙图。对于某一个定值的电位差，可以火花放电的距离，叫作放电距离。

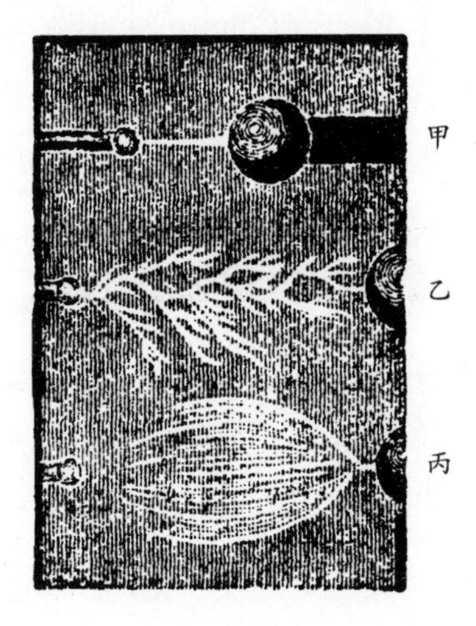

图201 放 电

霓虹灯

用一根细长、约1米的玻璃管，两端封入铂或铅制的两极，连接于感应圈或起电机的两极，如图202，管旁的小管连接于抽气机上。当使感应圈或起电机开始运作时，即缓缓抽去管内的空气，则可依次发现各种奇异现象。

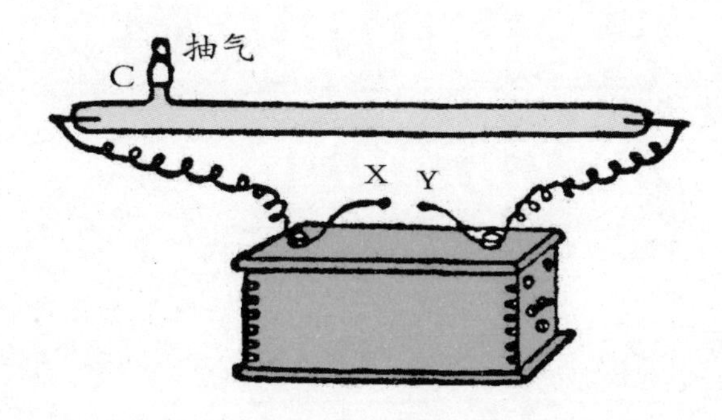

图202 放电管

当管内的空气压等于大气压时，两极间并无放电现象。等气压降$\frac{1}{6}$大气压时，管内即发出爆裂的声音，管壁上略可见蓝色微光。等气压降至4厘米水银柱高时，两极间就有红紫光线穿过，如图203中的第一管。等气压再降，光线渐粗，而至全管呈现红色光柱，这叫作阳极区（Positive column），如图203中的第二管。等气压降至$\frac{1}{100}$厘米水银柱高左右时，阳极区忽然出现很多明暗相间的辉纹（Strise），状如鳞片，颜色渐淡，与阴极间生成一段暗区（Dark space），如图203中的第三管。等气压再降，阳极区向阳极缩短，暗区伸长，如图203中的第四、五两管所示。等气压降至$\frac{1}{10000}$厘米水银柱高时，阳极区已缩至不见，全管几乎全成暗区，同时阴极对面壁上呈明亮的荧光（Fluorescence），如图203中的第六管所示。荧光的颜色随玻璃的材质而异，例如，钠玻璃发绿光，铅玻璃发蓝光。这种能发荧光的放电管（Discharge tube）叫作克鲁克斯管（Crookes tube）。

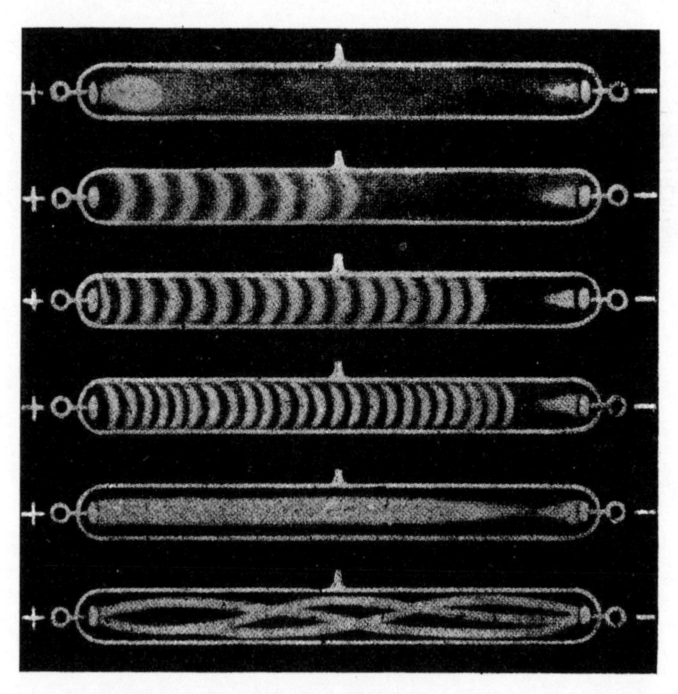

图203 放电管内的现象

充满阳极区的放电管（图203中的第二管）发光的颜色，由管中的残留气体而不同。若为氖气，则发红光；若为汞气或氩气，则发蓝光。若在黄玻璃管中充满氩气，则发绿光。城市的“美容师”霓虹灯（Neon lamp），就是由此管制成的。

在克鲁克斯管壁所发的荧光，是受阴极发出的射线照射而产生的效应，所以，这种射线叫作阴极射线（Cathode ray）。它的性质除了产生荧光外，还有种种特性，如（一）为直线传播；（二）能产生热效应；（三）能产生机械效应；（四）能产生磁效应；（五）能产生化学效应；（六）能受电力的引斥等。

X射线

1895年，德国物理学家伦琴（Roentgen）由真空管放电的实验，发现另有一种不可见的射线，因不知它的名字，所以就管它叫X射线（X-ray），或伦琴射线（Roentgen ray）。如图204，为一个X射线管（X-ray tube），A为阳极，C为球面阴极。P为对阴极（Anti-cathode），一般用铂或钨制成，位于阴极面的球心，与主轴成45°角。阴极射线由C发出，聚焦于P面上的一点，P就产生X射线。

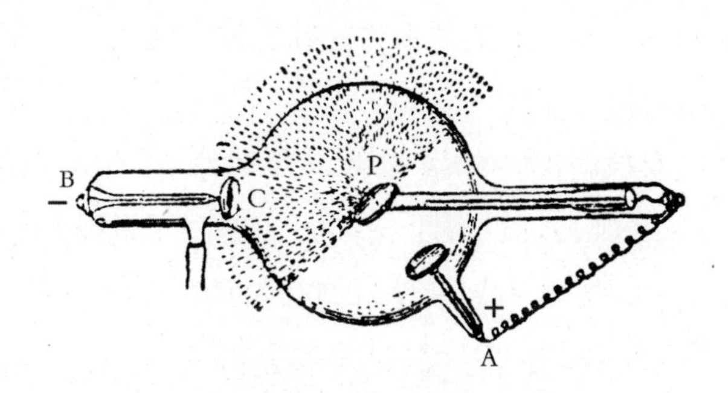

图204 X射线管

X射线能穿过寻常光线不能穿过的物质，如骨骼、金属等；能激发萤光作用，使多种物质产生荧光；有感光作用，能使照相胶片感光和寻常光线一样；能激发人的生理作用，可作病症的治疗；能游离气体，经过X射线照过的气体可变为导体，但无磁效应，不受磁场或电场的影响，且无反射、折射等现象。

放射性

1896年，法国人贝克勒尔（Becquerel）在研究各种荧光时，用不透光的黑纸包裹在照相胶片外，并放一枚铜币于纸包上，又在纸上悬铀（Uranium）矿石，置于暗室，数日后发现照相胶片已感光而出现铜币的影。由此可知，铀矿石能发出一种射线，它的性质和X射线类似，这叫作贝克勒尔射线（Becquerel rays）。凡能放出此种射线的物质，叫作放射性物质（Radioactive substance）。它的性质叫作放射性（Radioactivity）。

在贝克勒尔发现铀和它的化合物有放射性后的数月，居里和居里夫人（Madame Curie）又在巴黎发现钍（Thorium）也同样具有放射性。后来，居里夫人又从澳洲某处所产的沥青铀矿（Pitchblende）中，分离出一种新元素——镭（Radium）。它的放射性比铀的放射性约大一百万倍，活跃性约比铀大四百万倍。

现在已知具有放射性的物质，除铀、钍、镭外，还有钋（Polonium）、锕（Actinium）、锾（Ionium）等四十余种，都是原子量极大的元素。其他如原子量较小的钾、铷，也有放射性，即它们的化合物也同样有放射性。由此可知，放射性是由于原子的特性，而和分子无关。

放射性物质的原子在发出放射线后，即起变化，逐渐蜕变为较简单的新物质，例如，铀蜕变而为镭，镭蜕变而为氡（Radon），氡再经数次蜕变而成铅等。